성 지식보다 감정을 먼저 가르치는
행복한 핀란드식 성교육

엄마, 나도 사랑을 해요

성 지식보다 감정을 먼저 가르치는
행복한 핀란드식 성교육

엄마,
나도
사랑을
해요

라이사 카차토레, 에르야 코르테니에미-포이켈라 지음
정보람 옮김

베르단디
VERDANDI

대한민국 부모님들께
핀란드에서 안부를 전합니다

이 중요한 의미를 지닌 책을 통해 대한민국 부모님들을 만나게 되어 기쁩니다. 이 책은 어린이나 청소년 자녀를 둔 부모님들께 아이의 민감한 성 발달을 지지하고 보호할 수단과 언어를 제공해줄 것입니다. 깊은 연구와 구체적인 예시, 오랫동안 각 가정에서 사용되어온 노하우 등을 통해서 말이죠. 우리의 목표는 어린이와 청소년이 성년의 길로 나아가는 귀중한 발걸음을 안전하게 지켜주는 것입니다.

우리가 이 책에서 중요하게 다루는 것은 어린이에서 성년에 이르는 성이지만 자존감, 자기이해, 감정 등도 함께 다루고 있습니다. 이 모든 것은 한 아이를 이루는 중요한 요소들이니까요. 따라서 부모님은 이 책을 통해 어린이나 청소년 자녀의 민감한 성 발달을 한 계단에서 다음 계단으로 이끌고 사랑과 좌절의 감정을 다스리는 법을 알려줄 수 있습니다.

이 책의 기본 바탕이 되는 것은 '성의 계단'입니다. 이 모델은 핀란드에서 2000년부터 국가교육위원회 출판물을 통해 학교와 학부모들 사이에서 폭넓게 사용되어왔습니다. 같은 기간에 핀란드 청소년들의 성 건강과 관련된 통계들이 개선되었습니다. 우리가 설계한 모델에 기초한 성교육이 효과가 있었던 것입니다!

핀란드의 모든 학교에서는 학생들에게 건강 정보를 제공하고, 연령대에 맞는 성 발달을 광범위하게 지지해줍니다. 또한 부모님들은 우리의 모델을 수용하고 자녀 양육에 그 지식을 활용합니다. 우리는 매년 어린이나 청소년 자녀를 둔 부모님들, 전국의 교사와 보육교사들을 대상으로 교육을 실시합니다.

이 책은 부모님 자신이 경험을 통해 알고 있는 성의 계단을 11개로 나누어 설명하고 있습니다. 부모님은 어린이나 청소년 자녀와 함께 각 계단을 살펴봄으로써 자녀에게 신뢰와 안전뿐 아니라 적기에 필요한 지식, 기술, 태도 등을 가르칠 수 있습니다. 이렇게 함으로써 자녀의 감정 기술 및 소통 기법을 길러주고 발달에 관한 정보와 자신을 보호하는 법을 알려줄 수 있죠.

또한 우리의 모델은 청소년이 대중매체나 또래 집단으로부터 갈등과 압력을 느낄 때 자신의 감정과 이성에 따라 행동하게 돕습니다. 분별력과 자기이해, 자신과 상대를 존중하는 마음을 키워줍니다. 또한 아이가 왜 자신뿐 아니라 상대가 성숙하도록 기다리고 존중해야 하는지도 알려줍니다. 이렇게 해서 좋은 연인관계를 맺고 위험한 행동을 하지 않도록 예방할 수 있습니다.

　　이 책을 통해 부모님들은 진지하고 효과적으로 자녀들의 성을 공개적으로 지지해온 핀란드 가정의 전통을 실현해볼 수 있습니다. 여러분의 행동은 어린이와 청소년 자녀가 인생에서 안전하고 좋은 인간관계를 누리도록 지지해줄 것입니다.

　　　　　　　라이사 카차토레, 에르야 코르테니에미-포이켈라

우리 아이의 행복한 성을 위하여

배정원
대한성학회 회장·행복한성문화센터 대표

"아이들과 성에 대해 어떻게 이야기하죠?"

"아이들에게 어디까지 이야기해줘야 하나요?"

성교육을 하는 사람들이 부모님들로부터 가장 많이 듣는 질문입니다.

왜 자녀들과 성에 대해 이야기하는 것이 이토록 어려울까요? 그 이유는 부모님들이 '성'을 '성행위로서의 섹스'로만 생각하며, 성기 중심으로 성을 이해하기 때문입니다. 성교육을 하는 사람 역시 흔히 성에 대해 이야기할 때 육체적인 것을 중심으로 정보를 제공하는 일이 많고, 그것을 강요받기도 합니다. 이는 보수적인 우리의 성교육이 여전히 사고예방교육, 안전교육에 머물러 있기 때문입니다.

하지만 '적절한 정보와 올바른 가치관을 제공하여 몸이 균

형을 이루어 잘 발전하도록 돕고, 자신을 존중하고, 잘 관리하고 통제할 수 있도록 그래서 행복하게 남과 잘 어울려 '좋은 사람'으로 사는 길을 선택하도록 하는 것'이 '포괄적인' 성교육의 목표입니다.

성은 '인생을 살아가는 우리의 이야기'입니다. 우리가 말하는 성(sexuality)에는 성행위만이 아니라 생명의 소중함, 젠더, 성별, 보디 이미지, 자존감, 나와 남에 대한 존중, 차별하지 않음, 나의 건강관리, 사랑, 데이트, 이별 등 모든 것이 포함됩니다. 그리고 이 모든 것을 만들어내는 정말 중요한 것이 바로 감정이죠.

우리의 몸은 육체와 마음이 함께 이루어진 것이라서 마음, 즉 우리의 마음에서 일어나고 발전하며 우리의 태도와 행동을 결정하는 근원인 감정에 대해 알아가는 것이야말로 '자신을 잘 이해하고, 행복한 삶을 살아가기 위한' 무척 중요한 과제입니다. 특히 감정 표현에 익숙하지 않고, 그것이 금기시되어온 우리 사회에서는 더욱 자신의 감정을 알아차리고, 잘 표현하며, 다스리는 것이 어렵습니다.

실제로 아이들과 많은 대화를 한다는 부모님들도 정작 대화의 내용을 물어보면 '비즈니스 대화'인 경우가 많습니다. '비즈니스 대화'란 살아가는 데 필요한 현실적인 대화, 즉 학교에서 무슨 일이 있었는지, 누구를 만났는지, 이번 시험 성적은 어떤지 등에 대해 이야기를 나누는 것을 말합니다. 이런 개별적인 일들에서 감정이 어땠는지, 다시 말해 외로웠는지 우울했는지 행복했는지에 대해서는 이야기를 나누지 않습니다.

이렇게 우리는 자신의 감정을 알아차리고 잘 표현하는 것에 훈련이 되지 않아서 실제 자신의 감정이 어떤지를 몰라 당황할 때가 꽤 많습니다. 그래서 자신은 미처 준비되지 않았지만, 상대의 성행위 권유를 거절하지 못하는 것이죠. 자신의 마음을 잘 모르기 때문입니다. 자기 정체성과 자존감, 자아상이 충분히 강하고 안정적이어야 거절의 답도 용기 있게 할 수 있는 것이니까요.

이 책은 인생을 '좋은 사람'으로 살아가려면 어떤 가치를 가져야 하는지, 자녀들이 스스로를 존중하고, 평등하고 긍정적인 자아상을 확립하기 위해 부모로서 어떻게 지지하고 도와야 하는지에 대해 11단계로 성의 계단을 나누어 구체적으로 알려줍니다.

그래서 성교육자로, 성상담자로 20여 년간 활동해온 저는 이 책을 부모님께 추천하고자 합니다. 장담하건대 여러분이 저자들에게 친절한 안내를 받아 책 읽기를 마칠 즈음이면,

사랑스러운 자녀들이 자신에게 찾아올 아름답고 매혹적인 그리고 때로는 아픈 사랑을 분별력 있는 용기와 기쁨으로 맞이할 수 있도록 이끄는 자신감 넘치는 안내자가 되어 계실 것입니다.

아이의 감정에 이름을 붙여주세요

살미넨 따루
방송인·번역가·한국어 강사

제가 두 아이의 엄마로서 고민하는 것은 다음 두 가지입니다. 아이들이 자신감을 갖고 자라도록 할 수 있는지, 자기 자신과 다른 사람들을 존중하고 사랑하며 살 수 있도록 키울 수 있는지입니다. 제가 어릴 때만 해도 성에 대해서 거의 들어볼 기회가 없었습니다. 혼자 고민하고 알아가야 했죠.

이 책은 우리가 자라면서 어느 나이에 어떤 감정(성을 포함) 을 느끼고 배우는지, 부모가 그 과정에서 어떻게 아이를 지지해줄 수 있는지에 대해 쉽고 명확하게 가이드라인을 제시하고 있습니다. 어떤 상황에서 어떤 말을 해주면 좋을지 같은 구체적인 내용도 담겨 있어 부모라면 누구나 자녀 양육 과정에서 꼭 필요한 길잡이가 될 수 있을 것입니다.

요즘 핀란드에서는 자녀 양육에서 '감정 기술(emotional

skills)'이라는 단어가 유행하고 있습니다. 감정 기술이란 자기가 어떤 감정을 느끼는지를 자각하고 그것을 표현하고 다룰 줄 아는 능력을 말합니다.

이 자녀 양육법에 따르면 아이가 어떤 감정에 휩싸이면 부모가 그 감정에 이름을 붙이는 것이 중요하다고 합니다. '너는 행복하구나, 슬프구나, 화났구나, 실망했구나' 등으로 말이죠. 세상에 느끼면 안 되는 감정이란 없습니다. 모든 감정은 옳고, 괜찮으며, 시간이 흐르면 지나갑니다. 부모라면 아이에게 이런 사실을 가르쳐줘야 합니다.

성도 마찬가지입니다. 저자들은 이 책에서 성교육보다는 '감정 교육'이 먼저라고 말합니다. 감정은 바다의 파도처럼 변하며, 아이가 이 감정들을 만끽함으로써 용감하게 인생을 살 수 있도록 도와줘야 한다는 저자들의 말이 가슴에 확 와닿았습니다.

이 책을 읽으면서 특히 인상적이었던 것은 기술적인 성교육을 알려주는 것이 아니라 감정을 우선시하는 저자들의 태도였습니다. 또한 어려운 단어가 전혀 없었고 친근하고 누구나 쉽게 이해할 수 있는 문체도 마음에 들었습니다. 저도 우리 아이들에게 성은 숨기거나 죄책감을 느낄 것이 아니라 기쁨과 행복을 주는 존재라는 사실을 가르치고 싶습니다. 이 책은 그런 점에서 구체적으로 어떻게 해야 하는지를 잘 알려주고 있습니다. 이 책을 책장에 꽂아두고 아이들과 함께 종종 필요할 때마다 꺼내 보게 될 것 같습니다.

차례

성교육보다 '감정 교육'이 먼저입니다

이 책을 독자들에게 꼭 권하고 싶은 이유가 있습니다. 바로 사랑입니다.

이 책을 읽으면 삶에 사랑과 사랑의 기술을 더할 수 있습니다. 우리는 이 책을 읽는 모든 사람들이 더 자신 있게 사랑을 이야기하고 사랑으로 가득한 인간관계를 맺을 수 있기를 바라며 이 책을 썼습니다.

사람들은 '사랑'이라는 단어를 사용하길 부끄러워합니다. 자신의 감정이 '진짜'인지 확신이 없다면 감히 사랑을 말해도 될지 고민하게 되죠. 사랑을 과장된 감정인 양, 지나치게 많은 것을 약속하는 양, 영원한 맹세인 양 여깁니다. 하지만 꼭 기억하세요. 사랑은 삶을 다채롭게 만들고 스스로에게 힘과 용기를 부여하는 즐겁고 놀라운 감정입니다.

어린이들과 청소년들에게 사랑이라는 이 깊고 중요한 감정에 대해 어떻게 말해야 할까요? 시간이 지나면 사랑이 어떻게 변하는지 아이에게 말해도 될까요? 혹은 사랑하는 사람도 바뀐다는 것을 어떻게 알려줘야 할까요? 아는 사람이나 모르는 사람을 사랑하게 되고, 가까운 사람을 사랑할 수도 있지만 가끔은 나와 멀게 느껴지는 사람을 사랑할 수도 있다는 사실을 말입니다.

아이에겐 자기 속도에 맞게 방해받지 않고 어른들의 지지와 보호를 받으며 자신의 성을 발달시킬 권리가 있습니다. 부모로서 자녀가 자신의 몸과 성에 대한 자기결정권을 갖고, 나이에 맞는 평등하고 긍정적인 자아상을 확립하는 데 도움을 주고 싶나요? 어린이와 청소년의 사랑은 그것이 아무리 풍부하고 유익하며 아름다울지라도 나중에는 그저 상상 혹은 매혹 같은 지나가는 순간의 감정으로 느껴질 수 있습니다. 그러나 사랑은 사실 삶의 매 순간, 바로 그것을 경험하는 순간에 존재합니다. 감정은 변합니다. 사랑의 감정 역시 바다의 파도처럼 매 순간 변화하죠. 그러니 아이가 이 감정들을 만끽함으로써 용감하게 인생을 살 수 있도록 도와줘야 합니다.

이제는 열린 눈으로 아동기의 사랑을 바라봐야 합니다. 자신이 품고 있는 동경과 사랑을 마주하고 기억하고 소중히 여김으로써 순수하고 미숙한 감정이 영글 수 있으니까요. 아동기와 청소년기에 벌어지는 모든 일은 성년으로 향하는 매혹적인 발걸음입니다. 유년기의 경험은 이후의 발달단계들로 이어지는 성의 계단을 강렬한 색으로 칠합니다. 따라서 자녀들이 점차 성숙해 사랑과 연애, 성적인 관계를 준비할 수 있도록 지지하고 또 보호해야 합니다.

자신의 속도대로 성의 계단 오르기

자존감과 신체상은 아주 어릴 때부터 정립되기 시작해 일생에 걸쳐 계속 발달합니다. 이 책은 어린이와 청소년의 연령단계에 맞는 사랑의 감정과 신체의 발달을 어떻게 지지하고 보호할지에 대한 조언을 담고 있습니다.

아이의 발달을 크게 11단계로 나누어 살펴볼 텐데, 우리는 여기에 '성의 계단'이라는 이름을 붙였습니다. 이 계단은 성적 자아상과 자존감의 발달에 매우 중요합니다. 이 책의 주제는 결국 사랑할 수 있는 능력입니다. 연애 등 사랑하는 관계를 추구할 때, 사랑의 대상 및 잠재적 동반자를 고를 때 첫 영감을 주는 요소들을 면밀히 살펴볼 것입니다.

정서적 삶과 성 발달 과정은 연령대마다 약간의 특징이 있기는 하지만 '특정 연령의 아이는 반드시 이 발달단계를 거친다'라는 법칙 같은 건 없습니다.(이러한 이유로 11단계의 연령대와 그 발달 내용은 서로 중복되는 부분이 있다. -옮긴이) 개개인의 성숙 속도는 조금씩 다 다릅니다. 어떤 사람은 다른 사람보다 빠르거나 느립니다. 가끔은 학대로 인해 발달이 수십 년 동안 멈추기도 하고요. 혹은 다른 이유로 계단을 내려가 처음부터 다시 시작하고 싶은 기분이 들기도 합니다. 심지어 어른이 되어서도 동반자가 바뀌는 등의 아픔을 겪으면 새로운 상대에 맞춰 몇 단계를 되돌아가야 합니다. 계단을 오르며 이미 겪었던 좌절이나 실패를 다시 경험해야 하는 거죠. 다행스럽게도 누구든 언제나 자신의 속도대로 다시 그 계단을 오를 수 있습니다. 성의 계단을 즐기고 경험하는 일은 언제라도 늦지 않기 때문입니다.

또한 아이는 또래 친구들과 관계를 맺고 가까워지는 법, 자신의 경계와 친구의 경계를 존중하는 법, 동료애와 우정을 배웁니다. '우정의 규칙'과 '우정의 기술'은 가족 내 관계, 연인을 포함한 모든 가까운 인간관계에 적용 가능합니다.

이 모든 연습은 자녀 혼자 할 수 없습니다. 자녀의 이 모든 감정들을 지지하고 도와주세요. 이 책은 그런 노력을 하는 당신을 도울 것입니다.

우리 삶을 풍요롭게 만드는 중요한 인간관계가 있습니다. 바로 우정이죠. 우정이란 동질감과 신뢰가 있는 평등한 관계를 뜻합니다. 가까운 관계를 만드는 연습은 작은 것에서 시작됩니다. 또한 지켜야 할 '우정의 규칙'과 '우정의 기술'이 있죠. 이 기술은 가족, 친구, 연인을 포함한 모든 가까운 인간관계에 적용 가능합니다. 아이가 어른으로 자랄 때 중요한 일들 중 하나입니다.

아이는 본능적으로 우정이 뭔지 압니다. 우정은 반복되는 작은 만남들이며 함께하는 여행과 같습니다. 아이는 누가 자신의 친구인지 알고 있고, 친구와 관계를 잘 이어나가고 싶어 합니다. 그렇다면 어떤 것이 좋은 우정이고, 우정에서 어떤 감정을 느껴야 할까요? 이 장에서는 아이가 진정한 우정을 알 수 있도록 우정의 특징과 규칙들을 이야기합니다.

CHAPTER 1

우정에서

──────────────── 사랑으로

아이가 다른 아이들과 만날 수 있는 기회를 많이 만들어주세요. 다른 아이들과 놀 수 있도록 아이를 칭찬하고 지지해주세요. 이때 아이가 만나는 친구들도 칭찬하고 지지해주세요.

아이와 이야기를 나누세요. 우정의 규칙과 친구가 되는 것의 의미를 알려주세요. 또한 좋은 친구란 무엇이고, 아이가 가진 좋은 친구로서의 특징이 무엇인지 함께 찾아보세요. 69쪽 '좋은 친구는 어떻게 얻을 수 있을까요?'를 참조해, 여러 가지 상황과 함께하는 놀이에서 어떻게 다른 아이와 친해질 수 있을지 이야기를 나눠보세요. 우정이 시험받는 상황을 생각해보고 해결책을 찾는 것도 좋아요.

아이의 친구관계를 지지해주되 간섭하지 마세요. 아이가 걷는 배움의 길에서 부모는 다만 옆에서 따라가주면 됩니다.

우정에도 규칙이
필요해요

우정은 반복되는 작은 만남들이며 함께하는 여행과 같습니다. 친구란 두 사람 혹은 여러 사람이 함께 관계를 맺기로 동의하는 것입니다. 그러니 우정에 관한 모든 일은 한 사람이 자신의 입장과 행동만으로 결정해서는 안 되죠. 다시 말해 친구와 무엇을 할지, 혹은 어느 것이 좋은지 혼자서 정하면 안 된다는 뜻입니다.

　우정이 어디로 향할지는 알 수 없으며, 일단 아이가 우정의 규칙에 따라 행동함으로써 우정이 생겨나고 자라납니다. 만약 아이가 우정을 만들기 위해 여러 노력을 하면, 그건 친구도 우정을 쌓기 위한 노력을 하도록 격려하는 것이기도 합니다. 물론 친구가 어떻게 우정을 만들어나갈지 결정하는 건 친구의 몫이죠.

우정에는 규칙이 있습니다. 이 규칙은 아이 스스로 지켜야 하며, 친구들에게도 지키도록 요구할 수 있습니다. 가정에서 형제자매들과 우정의 규칙을 연습하게 하세요. 학교나 유치원 같은 교육기관에서도 가르칠 필요가 있습니다.

누구나 자신이 우정의 규칙을 잘 지켰는지 생각해보고, 또한 친구들이 그 규칙대로 행동했는지 질문할 수 있습니다. 이를 통해 자신의 행동을 고칠 수 있고, 친구가 우정의 규칙에 어긋나는 행동을 했다면 받아들일 수 없다고 말할 수 있습니다.

아이와 함께 생각해보세요

꼭 지켜야 할 우정의 규칙

다음은 가장 기본적인 우정의 규칙입니다. 아이와 우정의 규칙을 잘 읽고 대화를 나눠보세요. 여기에 아이가 생각하는 우정의 규칙을 더할 수도 있고, 친구와 새로운 규칙을 만들 수도 있습니다.

엄마, 나도 사랑을 해요

- 서로 믿을 수 있는 친구가 되어주세요.
- 솔직한 마음을 바탕으로 서로를 아껴주세요.
- 심술궂게 행동하거나, 일부러 다치게 하거나, 마음을 상하게 하지 마세요.
- 강요하거나, 명령하거나, 절교하겠다고 위협하지 마세요.
- 뒤에서 험담하지 마세요.
- 친구가 힘들어할 때 용기를 주고 지지해주세요.
- 친구가 혼자 어려움을 겪도록 내버려두지 마세요.
- 좋은 친구를 소중히 여겨야 친구도 나를 소중히 여겨요.

아이가 친구와 겪는 갈등을
어떻게 해결할까요?

가끔 우정이 좌절되기도 합니다. 이럴 때 중요한 갈등을 해결하는 기술을 연습할 수 있습니다. 예를 들어 친구들 간의 신뢰가 깨졌을 때는 대화를 통해 문제를 해결하려 노력할 수 있습니다.

어떤 경우엔 갈등이 해결되지만 때로는 해결되지 않고 우정이 끝나버리기도 합니다. 이때 자신을 충분히 사랑하고 믿음으로써 스스로를 가짜 우정의 그늘에 복종하도록 내버려두지 말아야 합니다. 또한 그런 상황이 무엇인지 판단할 수 있을 정도로 현명해져야 합니다.

가정과 학교의 중요한 과제는 아이들에게 다음의 여섯 가지를 스스로 갖추는 동시에 상대에게도 요구할 수 있도록 가르치는 일입니다. 그럼으로써 우정이 주종관계가 아닌 존중과 배려를 바탕으로 한 관계임을 알려주는 것이죠.

● **다정한 태도**

다정한 태도를 갖추면 친구들에게 따뜻한 이미지를 줄 수 있습니다. 속으로는 아무리 따뜻한 감정을 가지고 있어도 겉으로 보기에 쌀쌀맞거나 퉁명스럽다면 내 진심을 전하기가 쉽지 않을 것입니다. 오해가 생길 수도 있고요.

다정하게 행동하면 상대에게 새로운 친구가 되거나, 친구라고 여기거나, 계속 친구로 지내고 싶음을 보여줄 수 있습니다. 다정한 태도란 행동과 표정, 목소리의 톤 등에서 나타나는 다정함을 말합니다. 또한 친구가 옆에 없을 때도 의리를 지키는 것, 즉 친구뿐만이 아니라 모두에게 다정하게 대하는 것이 중요합니다. 그 누구도 두 얼굴을 지닌 사람을 좋아하지 않으니까요.

● 공정함과 진실함

공정함은 우정의 생명줄입니다. 친구관계에 있어 서로에게 공정하고 진실하면 서로의 의견을 신뢰하고 지지할 것입니다. 아이가 친구의 행동이 공정하지 않다는 것을 깨닫게 되면, 즉시 표현해야 한다고 말해주세요. 무엇이 왜 불공평하다고 생각하는지 짚고, 진정한 친구는 그렇게 행동하지 않는다고 말해야 합니다. 이 부분에 대해 친구와 이야기를 나눌 필요가 있습니다. 어려워하거나 속상해하는 대신 지혜로운 해결책을 제시함으로써 아이의 우정을 돌볼 수 있습니다. 서로 공정하고 진실한 태도를 갖추려고 노력하면 우정은 회복되고 더 나아가 발전할 수 있습니다.

● 예의

사실 예의는 우정뿐 아니라 모든 인간관계에 요구되는 조건입니다. 친구에게 차례를 양보하거나 좀 더 큰 케이크 조각을 줄 수 있죠. 또한 머릿속에 친구에 대한 긍정적인 생각이 들 때마다 말로 표현하는 연습도 할 수 있습니다. 물론 그렇다고 해서 억지로 친구를 변화시키려고 노력할 필요는 없습니다. 친구에 대해 좋은 말을 할 수 없다면 차라리 침묵하는 게 좋다는 규칙도 알아두면 좋습니다. 예의 없이 행동한다면 사람

들이 자신을 접근하기 어렵고 잔인한 사람이라고 여길 것이
며, 사람들은 기꺼이 예의바른 사람과 가까워지고 싶어한다
는 사실을 아이에게 알려주세요.

● 우호적인 태도

친구를 사귀고 깊은 관계를 맺게 되면 친구의 삶을 풍요롭게
만들어주고 싶은 욕구가 생깁니다. 어떻게 하면 지금, 여기에
서 가장 좋은 친구가 될 수 있을까요?

서로가 무엇인가를 주고받을 수 있을 때 우정은 자라나고
강해집니다. 친구가 일생의 위기에 처해서 도움이 필요할 수
도 있습니다. 내 자신이 더 많은 도움을 필요로 하는 경우도
있습니다. 그런데 매번 자신이 베푼 만큼 받는지 재보고 계산
하는 사람은 피곤합니다. 그런 사람은 상대에게 의심받는 느
낌, 부정적인 평가를 받은 기분을 들게 합니다. 그보다는 항
상 상대를 편안하게 대하고, 내가 가진 것 중 친구에게 무엇
을 줄 수 있을지 생각하는 편이 낫습니다.

● 격려와 지지

친구의 격려와 지지는 황금처럼 귀합니다. 내 삶을 앞으로 나
아가게 합니다. 또한 내 앞에 닥친 도전들을 용감하게 맞이하

고 스스로를 더 높은 차원으로 끌어올리게 도와주죠. 격려와 지지를 받은 사람은 자신의 삶에 만족하며 행복해지고, 친구들도 더 편안하게 대할 수 있습니다.

진정한 친구는 서로 지지하고 격려하는 사이입니다. 친구들은 이루고 싶은 목표, 그리고 이루어낸 목표들을 함께 나눕니다. 어떤 어려운 상황이 닥쳐도 친구가 내 뒤에 든든히 서서 응원해주는 모습을 상상할 수 있다면 두렵다는 생각이 들지 않습니다. 그 친구의 어떤 말이 내게 도움을 주고 지지가 되었는지, 혹은 나는 그런 말을 친구에게 해줬는지 아이와 함께 이야기해보세요.

● 관심과 존중

내가 감정을 잘 표현하지 않는다면 다른 사람들이 내가 어떤 감정을 느끼고 무슨 생각을 하는지 알 수 있을까요? 관심과 존중은 말과 행동으로 표현할 필요가 있습니다. 우리는 관심과 존중이 필요합니다. 친구와 진정한 우정을 나누고 싶다면 이를 표현하라고 알려주세요.

친구가 목표를 이룬 것을 축하하거나, 친구가 중요하게 생각하는 일에 대해 말할 때 말을 끊지 않고 들어주는 것은 관심과 존중의 표현입니다. 친구가 실수를 했거나 어려운 상황에 처해서 하소연을 할 때도 마찬가지입니다. 그리고 어른이 되면 인간관계에서 나 자신이 원하는 것과 친구가 원하는 것을 구분할 줄 알아야 하는데, 이것 역시 상대에 대한 관심과 존중이 바탕이 되어야 합니다.

그러니 관심과 존중을 표현하는 법을 아직 배우지 못했다면 아이가 연습할 수 있게 도와주세요. 좋은 친구를 사귈 수 있을 테니까요.

친구는 인생을 살아가면서 어디서든 찾을 수 있습니다. 갑자기 나타나기도 하고 가끔은 가까이 있는 사람이 강한 우정과 헌신을 표현하기도 합니다. 자신을 친구로 생각하는 줄도 몰랐던 사람이 갑자기 진정한 친구로서 행동하는 것을 발견하기도 합니다. 그러니 다정한 태도, 공정함과 진실함, 예의, 우호적인 태도, 격려와 지지, 관심과 존중 이 여섯 가지를 알면 진정한 친구를 찾는 데 큰 도움이 됩니다. 한계나 편견, 선입견을 버리고 폭넓은 친구관계를 맺는 즐거움을 알려주세요.

우정과 사랑,
그 사이에서

우정이 중요한 이유 중 하나는 연인관계와 아주 비슷하기 때문입니다. 물론 우정에는 성적으로 끌리는 감정이 없고, 충실함의 정도도 다를 수 있습니다. 그래도 우정을 통해 상대의 주의를 끌고 사람들의 개성과 생각을 수용하는 태도 등을 연습할 수 있습니다. 좋은 우정을 쌓은 경험을 한 사람은 장기적이고 바람직한 연인관계를 맺을 수 있습니다. 사실 사랑과 우정, 이 둘이 합쳐진 것이 가장 좋은 동반자 관계입니다. 앞으로 우정의 규칙이 어떻게 연인관계에 적용되는지를 계속 배워나갈 것입니다.

우정은 연인관계보다 훨씬 유연하고 관용적입니다. 때로 강한 우정은 연인관계보다 오래 지속되기도 하죠. 또한 친구는 어려울 때 알아볼 수 있고, 우울할 때 지지해줍니다. 친구들은 연인관계가 끝났을 때도 옆에 머물며 위로해줍니다. 따라서 사랑에 빠졌다고 해서 친구들을 잊으면 안 됩니다. 좋은 친구관계와 연인관계는 서로를 배척하지 않습니다. 두 관계 모두 소중하고 대체할 수 없는 보물 같은 존재니까요.

우정의 규칙 적어보기

아이만의 우정의 규칙이 있다면 무엇이 있을지 생각해보게 하세요. 그리고 우정의 규칙을 생활 속에서 어떻게 실천해야 할지, 아이는 친구를 어떻게 대하는지, 그리고 친구가 아이를 어떻게 대하기를 원하는지 이야기를 나눠보세요.

아이가 직접 이야기한 우정의 규칙, 그리고 부모가 아이에게 중요하게 알려준 우정의 규칙 등을 아래에 적어보세요.

친구 지도 그리기

공책이나 종이를 준비하고 가운데에 아이의 이름을 적으세요. 그리고
아이로 하여금 자기 이름 주변에 친구들의 이름을 적게 하세요. 가깝고
믿을 만한 친구일수록 자기 이름과 가깝게 적으라고 알려주세요.

아이가 만든 친구 지도를 찍어서 인화해 붙이거나 그대로 옮겨 그려주세요.

자녀가 오르게 될
성의 계단 11단계 살펴보기

성관계나 성적 욕구에 대해 생각하면 부정적인 단어부터 떠오르나요? 불편함, 골칫거리, 위험, 좌절, 유해, 질병 같은 것들 말입니다. 혹은 생리통, 발기불능, 피임, 낙태, 아동청소년 대상 성범죄, HIV(에이즈의 원인이 되는 바이러스. -옮긴이), 포르노, 강간은 어떤가요? 이 책을 읽는 많은 부모들이 아마 성교육을 받을 때 주로 들었던 단어들일 것입니다. 짐작건대 성 자체를 이런 이미지들을 통해 바라보도록 배운 것이 아닐까요? 정말이지 황량하고 단면적인 그림입니다.

자녀들에게 해주는 성교육은 달라야 합니다. 아이들은 완전히 순수하고 경험이 없으며, 아주 깨끗한 자신만의 성이 있습니다. 그 성은 아직 새싹에 불과하지만 어쨌거나 존재합니다. 아이가 성장하면서 성도 함께 자랍니다. 부모는 앞으로 자녀가 경험하게 될 성적 경험에 영향을 미칠 수 있습니다. 어떻게 자녀의 성을 긍정적으로 발달시킬 수 있을까요?

성이 가진 모든 장점들을 생각해보세요! 모든 사랑의 손길은 긍정적인 신체상과 신체적 자존감을 강화시킵니다. 친밀함과 그로 인한 즐거움은 고통을 없애고 수명을 연장하며 충만한 삶을 만듭니다.

성은 가능성입니다. 나이가 듦에 따라 성은 스스로에게 각기 다른 선물을 줍니다. 친밀함, 애정, 광채, 안전감, 자극, 모험, 환상, 구애, 기쁨,

무한한 사랑의 불길, 성적 매력, 지칠 줄 모르는 동경, 주체할 수 없는 욕구, 애무, 간질간질한 좋은 기분, 세상이 폭발하는 듯한 즐거움, 감정의 절정, 유대감, 자존감, 웰빙, 건강 등.

우리는 부모가 자녀의 이 모든 감정을 지지하도록 돕기 위해 이 책을 썼습니다. 어린이와 청소년의 발달에 맞는 성의 계단을 어떻게 사랑으로 지지하고 보호해야 할까요? 그러려면 성의 계단이 무엇이고 어떤 내용을 담고 있는지 알아야 합니다.

성의 계단이란 무엇일까요? 바로 성장의 과정입니다. 아이의 신체적, 성적 발달을 11단계로 나눔으로써 아이가 지금 어디쯤 와 있는지 알게 해주는 유용한 도구입니다.

긍정적인 신체 자존감은 11단계로 이루어진 성의 계단을 오르며 강화됩니다. 성에는 여러 가지 아름다운 요소들이 있죠. 자녀가 성을 통해 긍정적인 자존감과 기쁨을 얻으며 이 계단을 무사히 오르도록 돕는 것이 부모의 역할입니다.

그럼 성의 계단을 자세히 알아볼까요?

너는 사랑받기 위해 우리에게 왔어

● **연령**

0~4살

● **특징**

아이는 자신의 몸이 완벽하다고 생각합니다. 그래서 자신의 몸을 기꺼이 보여주고, 다른 사람들의 몸을 호기심을 가지고 관찰하기도 합니다. 부모는 아이에게 따뜻한 시선과 손길, 토닥거림, 씻김, 옷을 입히고 벗기는 행위를 통해 애정을 전달합니다. 이 시기에 가장 중요한 것은 무엇일까요? 바로 사람들이 저마다 다른 몸을 가지고 있으며, 어떤 몸이든 똑같이 좋다는 사실을 깨닫게 하는 것입니다.

● **필요한 것**

- 기분 좋은 접촉
- 애정을 기반으로 한 활발한 커뮤니케이션

2단계

소꿉친구가 좋아요

● 연령

3~8살

● 특징

공개적으로 자신의 좋아하는 감정을 남들에게 보여주고, 이끌림과 우정의 차이를 생각할 수 있는 단계입니다. 좋아하는 친구에게 뽀뽀를 하러 달려갈 때는 신나서 온몸이 간질간질합니다. 이 시기의 아이에게 뽀뽀와 포옹은 멋진 상이고 큰 기쁨이죠.

이 시기에는 여러 가지 '경계'를 학습해야 합니다. 예를 들어 아이는 친구를 잡고, 껴안고, 몸을 꽉 조이고, 입에 뽀뽀를 하고, 친구의 몸을 관찰하려 하지만, 그런 시도가 매번 성공하지는 않습니다. 종종 친구는 그런 것을 원하지 않고 어른들도 하지 못하게 막겠죠. 이 과정에서 아이는 자신의 감정은 자신만의 것이고, 다른 사람은 다른 감정을 가질 수 있다는 사실을 배우게 됩니다.

● 필요한 것

- 자신의 감정과 좋아하는 사람에 대한 부모와의 대화
- 몸의 각 부위를 가리키는 명칭 배우기
- 단호하고 명확하게 거절하는 연습

엄마 아빠랑 결혼하고 싶어요

● **연령**

3~9살

● **특징**

성 역할과 그 가치관을 배우는 중요한 시기입니다. 처음으로 '사랑하는' 어른이 생깁니다. 아이는 특정 어른에게 강한 애착을 느끼고 그 사람의 곁에 머물기를 원합니다. 때로는 부모를 온전히 차지하고 싶어 합니다. 결혼하고 싶어 하는 거죠.

아이의 감정과 좋아하는 마음, 동반자 관계를 꿈꾸는 아이의 말들이 가족 내에서 어떻게 받아들여지는가에 따라 아이는 자신의 감정을 표현할 필요성을 판단하게 됩니다.

● **필요한 것**

- 감정이 받아들여지는 경험
- 상대와 나의 몸에 대한 행동규칙 학습
- 따뜻한 거절
- 첫 좌절을 극복하는 경험

화면 속 연예인이 멋져 보여요

● **연령**

　6~12살

● **특징**

　유명하고 인기 있는 아이돌이나 선생님 같은 멋진 어른들 같은 '우상'
이 자신과 사랑에 빠질 수도 있다는 생각을 하며 우상과 연인이 되는
꿈을 꾸기 시작합니다. 이 꿈은 상상력과 결합하여 자신이 그 연인의
팔에 안기거나 그를 안고 마음이 이끄는 대로 모험을 떠납니다.

● **필요한 것**

　- 우상을 동경하는 감정 자체를 지지받는 경험
　- 주변 어른들이 자신의 우상을 존중해주는 경험
　- 현실 감각 키우기
　- 상대가 안전한지 여부를 가늠하는 방법 배우기

비밀스러운 짝사랑

● **연령**

8~13살

● **특징**

마치 몸에 전기가 통하는 것 같은 짜릿한 자극과 새로운 신체적 자각을 얻게 됩니다. 사랑하는 또래 친구에게 가까이 가면 말 그대로 몸 전체에 전기가 통하는 것처럼 짜릿한 느낌이 듭니다. 동시에 자신이 누군가에게 선택받고 사랑받기를 바라는 마음이 자라나는데, 자신의 몸이 충분히 괜찮은지 확신할 수 없다고 느낍니다. 따라서 친구들과 가족들의 인정이 절실합니다. 따뜻한 손길과 긍정적인 말들이 필요하죠.

● **필요한 것**

– 언젠가 사랑의 대상이 나타난다는 확신
– 짝사랑에 대한 주변 어른들의 긍정적인 말
– 몸의 변화에 대한 정보

6단계

나, 사실 그 애를 좋아해

● **연령**

9~14살

● **특징**

자신의 감정을 신뢰하는 가까운 친구들이나 가족 구성원들에게 말할 용기를 냅니다. 불확실한 감정을 극복하려 노력하며, 자신을 인정하고 지지하는 사람들을 가까이에 두고 싶어 합니다. 가장 친한 친구 혹은 부모의 모든 말들이 중요합니다. 모든 사람이 자신만의 매력을 가지고 있으며, 누구나 동경의 대상이 될 수 있다는 말을 들을 수 있어야 합니다.

● **필요한 것**

- 나이에 맞는 우정의 기술
- 호감, 동경, 사랑을 표현할 때 사용할 수 있는 언어
- 상대를 판단하는 안목
- 비밀이 존중되는 경험

널 좋아해, 사랑의 고백

● 연령

10~15살

● 특징

이제 자신의 감정을 사랑하는 사람이 알게 되는 두려운 상황을 마주할 준비가 되었습니다. 그리고 이런 마음을 상대에게 전달하기 위해서는 가족이나 좋은 친구의 도움도 필요합니다. 가까운 사람들의 지지는 아이에게 자신이 괜찮은 사람이며, 자신의 몸도 충분히 괜찮다는 믿음을 강하게 해줍니다.

● 필요한 것

- 고백에 대한 전폭적인 지지
- 사랑의 언어를 다루는 기술
- SNS를 올바르게 다루는 방법

스킨십이 필요해

● 연령

12~16살

● 특징

사랑하는 사람과 같이 있는 모습을 다른 사람에게 보이는 것은 큰 사건입니다. 나에게도 연인이 있다는 사실은 자존감을 강하게 해주기도 하죠. 어떤 청소년에게는 연인의 호감을 얻는 것보다 SNS에서 '좋아요' 수를 올리는 것이 훨씬 중요합니다. 그러나 손을 통한 접촉은 다른 사람과의 친밀감을 온몸으로 느낄 수 있는 놀라운 방법입니다.

● 필요한 것

- 자신의 스킨십 속도에 대한 정확한 자각
- 실패와 좌절, 결별의 아픔에 대한 정보
- 원만한 친구관계 유지

9단계

키스는 얼마나 황홀할까?

● **연령**

13~18살

● **특징**

얼굴, 목, 머리카락, 팔에서 시작한 애무의 여정은 입술과 혀, 피부가 무수한 방법으로 만나는 '키스'로 향합니다. 사랑하거나 좋아하는 사람이 자신의 몸을 애정이 담긴 키스로 쓰다듬고 칭찬합니다. 키스를 받을 때마다 아이는 자신이 온전히 인정받았다는 느낌을 경험합니다.

● **필요한 것**

- 키스와 뽀뽀의 차이
- 연애할 때 반드시 익혀야 하는 예의
- 상황에 맞는 적절한 애정 표현의 선
- 실연을 당했을 때 지지해주는 주변 사람들

서로 나누는 기분 좋은 애무

● **연령**

15~20살

● **특징**

좋아하는 사람과 좀 더 가까이 몸을 접촉할 준비가 되었습니다. 성숙한 두 연인은 성적 즐거움을 일깨우는 성적인 부위를 비롯한 상대의 모든 신체 부위를 만지고 싶은 욕구를 느끼고, 상대도 같은 방식으로 자신을 만지게 할 용기를 냅니다. 연인의 수천 번의 손길은 자신의 몸을 칭송하는 노래와 같습니다. 연인의 인정과 감탄이 담긴 손길을 온몸에 갈구하며 상대에게도 같은 손길을 줍니다.

● **필요한 것**

- 자신의 마음을 제대로 아는 방법
- 상대를 정확히 파악하는 기술
- 가족과 사회, 문화가 정한 규칙 학습
- 실제적인 피임 방법 학습

사랑과 섹스

● **연령**

16~25살

● **특징**

청소년기를 지나 성인이 된 몸은 이미 어른이고, 자신의 몸을 어른처럼 사용합니다. 더 이상 자신이 상대에게 어떻게 보이는지, 충분히 괜찮은지 생각할 필요가 없습니다. 다만 자신의 아름답고 특별한 몸을 즐기고 상대에게도 즐거움을 주는 생각과 행위에 집중할 수 있게 됩니다.

● **필요한 것**

- 자발성
- 나 자신과 상대에 대한 진실함과 솔직함
- 사생활의 존중
- 피임과 성병 예방법

─────────────────────────── 감정은 아주 어린 아이
일 때부터 깨어납니다. 감정은 사람의 거의 모든 행동
과 관련이 깊습니다. 사실 어른이 되면 어릴 때 느꼈던
강렬한 감정을 다 기억하지는 못하지만 그때의 감정은
여전히 소중합니다.

─────────────────────────── 모든 사람이 강렬한 감
정을 느끼지는 않습니다. 감정의 강도는 사람마다 다
릅니다. 그러나 확실한 건 발달단계에 있어 감정이 아
이를 보호하기도 하고 행동하게 만들기도 한다는 사실
입니다. 이 책은 사랑, 동경, 기쁨, 환희, 슬픔, 실패,
호감, 부끄러움, 용기, 다정함을 비롯한 세상의 모든
감정을 느끼는 사람들을 위한 것입니다.

0살에서 4살까지는 자신을 사랑하고 자신과 외부세계를 있는 그대로 받아들이는 시기입니다. 옷을 벗고 자신의 몸을 드러내기를 즐기기도 하고, 자기 몸을 탐구하며 몸의 모든 신기한 부분을 만져봅니다. 몸의 각 부분에 이름을 붙이고 의미를 부여하기도 하죠. 특히 자기 몸에 있는 모든 구멍을 신기해하며 호기심을 갖습니다.

이 단계에 있는 아이는 가능한 모든 방법을 동원해 자신을 돌보는 어른의 주의를 끌고 돌봄을 받고자 합니다. 아이가 이 시기에 얼마나 질적으로 훌륭한 애착관계를 맺고 얼마나 좋은 돌봄과 애정을 받았는지에 따라 아이의 자신감과 안전감, 신체상, 그리고 아이가 친밀한 감정을 다루는 방식이 달라집니다.

CHAPTER 2

1단계(0~4살)

너는 사랑받기 위해

──────────── 우리에게 왔어

아이에게 얼마나 사랑하는지를 보여주세요. 아이를 따뜻한 손길로 대하고, 대화를 많이 나누세요. 따뜻한 접촉은 긍정적인 신체상을 기르고, 애정에 바탕을 둔 활발한 커뮤니케이션은 긍정적인 자아상을 강화시킵니다.

아이에게 따뜻하고 기분 좋은 접촉을 경험하게 해주세요. 쓰다듬고, 토닥이고, 무릎에 앉히고 간지럽히세요! 그러면 아이는 자신의 몸이 좋은 것이고 스스로 애정을 받을 가치가 있는 존재임을 알게 됩니다.

아이가 질문을 던지게 격려하고, 아이가 이해할 수 있는 대답을 해주세요. 또한 몸은 계속해서 변한다는 사실을 알려주고, 어떤 형태의 몸이든 그 자체로 완벽하며 사랑할 가치가 있다고 말해주세요. 자신의 몸이 어떻게 변하든 그 자체로 최고임을 알려주세요.

아이와 많은 시간을 함께하며 부모의 사랑을 꾸준히 보여주세요. 신체상과 자아상은 어느 한순간에 완성되는 것이 아니니까요.

처음으로 느끼는 감정,

사랑

사랑과 감탄의 대상이 되는 경험은 아이의 자아상과 정서 발달에 필수적입니다. 아이는 자신이 사랑받고 있으며 안전하다는 감정을 느끼고, 이를 통해 다른 사람과 함께 있는 것이 즐겁다는 사실을 배웁니다. 자신의 몸에 대한 긍정적인 감정을 경험하고 나아가 이를 즐기게 되죠.

기쁨은 언제나 건강한 감정입니다! 아이는 자신을 돌보는 사람들이 자신 때문에 사랑 가득한 미소를 짓는 것을 보고 자신이 사랑스럽다는 것을 깨닫습니다. 아이는 사랑하는 사람들의 주의를 끌기 위해 노력합니다. 그들이 자신을 보고 감탄하고 미소 짓도록 하기 위해 몸을 움직이고 표정을 지으며 '매혹'하기 시작합니다.

사랑과 동경의 감정은 아이가 태어난 후 첫 수개월 동안의 모든 돌봄과 관련이 깊습니다. 아이에게는 자신을 계속해서 신경 써 주는 사람이 있다는 것이 중요합니다. 배가 불러 만족스럽고, 어른들이 돌봐주고, 형제자매가 자신을 즐겁게 해주는 경험은 아이에게 멋진 행복감을 일깨웁니다. 그리고 아이는 가까운 사람들을 깊이 사랑하게 됩니다.

아이는 가까운 사람들에게 사랑을 일깨움으로써 자신이 사랑받고 있다고 느낍니다. 세상은 좋은 곳이고 따뜻하다고 느낍니다. 사람들이 자신과 놀아주고, 돌봐주고, 사랑해주는 사실을 알면 환영받는다고 느낍니다. 아이는 본능적으로 자신이 사랑받는다는 사실, 그리고 사랑받을 가치가 있다는 것을 알고 있기에 미소를 짓고 옹알이를 하며 포옹하고 뽀뽀를 합니다. 아이는 자신을 돌보는 사람들과 함께 있을 때 자기 자신과 온 세상을 사랑합니다. 안전하고 보호받는다는 사실도 알죠.

영아기에 경험한 기쁨과 행복, 사랑의 감정은 자신감을 높이고 사랑할 용기를 내게 합니다. 사랑이 인간관계에 있어 안전감과 유대감을 심어준다는 사실을 알게 되니까요. 이런 세

엄마, 나도 사랑을 해요

상과 사람에 대한 기본적 신뢰와 믿음은 아이가 이후 살아갈 인생에서 사랑과 애정을 표현하고 받아들이며, 다른 사람과 동반자 관계를 맺는 데 큰 영향을 미칩니다.

사랑스러운 아이와
사랑을 주는 사람들

부모가 아이에게 '너는 중요하고 사랑받는 존재야'라는 메시지를 전하는 방법은 간단합니다. 아이의 눈을 미소 지으며 바라보는 것입니다. 감탄사와 함께 아이의 이름을 반복해 부르거나 노래를 부르는 것도 아이를 좋아한다는 표현입니다. 부모의 반짝이는 표정과 기쁨 섞인 탄성은 아이가 자신의 모습과 행동이 부모에게 기쁨을 준다는 사실을 깨닫게 합니다.

아이가 울 때는 몸을 가볍게 흔들며 진정시키는 말을 해서 달랩니다. 때로는 울어서 기분이 나아지도록 한동안 울도록 둡니다. 내가 울었더니 누군가가 자신의 기분을 달래주는 경험을 하면, 아이는 자신이 세상에 잘 적응할 수 있으리라는 믿음을 갖게 됩니다. 이렇게 아이는 감정을 다루는 기술의 기초를 배웁니다.

물리적인 접촉, 몸과 몸이 닿는 행위, 점프 놀이 등 기분 좋은 신체 활동은 아이에게 자신감과 긍정적인 신체상을 강화시킵니다. 아이는 다른 사람들과 함께 할 수 있는 용기를 얻습니다. 부모가 아이에게 미소 짓고, 아이의 이름을 부르고 따뜻하게 안아주면, 아이는 부모가 자신에게 '우리는 서로 친밀하고 안전한 관계야'라는 메시지를 준다는 사실을 받아들입니다. 그리고 아이는 미소와 따뜻한 음성, 기분 좋은 몸짓으로 대답합니다. 아이와 부모 사이에 사랑의 감정이 오가고, 긍정적이고 애착을 더하는 메시지를 교환하게 되죠. 이렇게 다정하고 안전한 친밀함과 더불어 비언어적 커뮤니케이션의 기초가 형성됩니다.

이 시기 부모의 과제는 뭘까요? 바로 아이에게 꾸준히 사랑을 표현하는 것입니다. 사랑과 감탄의 대상이 되는 것은 아이의 감정 발달에 중요한 경험이니까요. 이 단계에서 반드시 이루어야 하는 중요한 성취 중 하나가 바로 아이 스스로가 스타이자 세상의 중심이라고 느끼고 자신을 사랑하며 즐기는 존재가 되어야 한다는 것입니다. 아이는 창피한 경험이나 신체적 학대를 겪지 않고 오롯이 자기 자신에 대한 사랑을 느끼며 긍정적인 자아상을 성취할 수 있어야 합니다. 그렇게 함으로써 아이는 자기 자신이나 다른 사람을 사랑할 때 벅찬 기

엄마, 나도 사랑을 해요

쁨, 긍지, 즐거움 같은 감정을 느껴도 된다는 것을 배울 수 있습니다.

흔들흔들 왔다 갔다 놀이

아이의 몸을 담요로 두른 다음 해먹이나 흔들의자에 눕히고 흔들어주세요. 아이가 직접 몸을 흔들어도 되지만 옆에서 부모가 흔들어주면 좋고, 나직하게 자장가를 불러주면 더 좋습니다. 좋은 시간을 아이가 원하는 만큼 오래 만끽해보세요. 나아가 아이가 자신의 친구를 해먹이나 흔들의자에 눕히고 흔들어보게 하는 것도 좋아요.

이 활동을 하는 동안 아이가 어떤 표정을 짓고 어떤 몸짓을 했나요? 아이의 기분은 어때 보였나요? 아래에 적어보세요.

내 몸 쓰다듬기

아이가 자기 몸을 만져보는 활동을 하게 하세요. 손이 닿는 모든 곳을 자연스럽게 쓰다듬으며 그 손길을 느껴보게 하세요. 그리고 기분 좋은 느낌을 소리 내어 말해보게 하세요.

활동이 끝난 후 아이의 기분을 묻고 대답을 아래에 적어보세요. 혹시 이 활동에 거부감을 많이 느끼지는 않았는지 물어보세요. 만약 거부감이 느껴졌다고 한다면, 나 자신을 소중히 여길 수 있도록 그 거부감에게 단호하게 '사라져!'라고 말하라고 해주세요. 나 자신이 얼마나 멋지고 소중한 존재인지 느끼게 해주세요!

아이는 포옹이나 뽀뽀 등을 통해 자신의 친구
들 중 가장 소중한 친구가 누구인지 공개적으
로 보여줍니다. 또한 이끌림과 우정의 차이를
생각합니다. 어떤 사람이 멋진지에 대해서 이
야기할 수 있습니다. 좋아하는 친구의 성별이
무엇이든 별 상관하지 않지만, 성별에 관심을
갖기는 합니다.

이 시기에는 여러 가지 '경계'를 학습해야 합
니다. 예를 들어 아이는 친구를 잡고, 껴안
고, 몸을 꽉 조이고, 입에 뽀뽀를 하고, 친구
의 몸을 관찰하려 하지만, 그런 시도가 매번
성공하지는 않습니다. 종종 친구는 그런 것
을 원하지 않고 어른들도 하지 못하게 막겠
죠. 이 과정에서 아이는 자신의 감정은 자신
만의 것이고, 다른 사람은 다른 감정을 가질
수 있다는 사실을 배웁니다. 다시 말해 자신
이 재미있는 놀이라고 느끼는 것이 친구의
생각과는 아주 다를 수 있다는 걸 깨닫게 돼
요. 친구의 몸과 생각을 존중해야 한다는 것
도요.

CHAPTER 3

2단계(3~8살)

소꿉친구가

—————————————— 좋아요

아이에게 몸의 각 부위를 가리키는 명칭과 기능을 알려주고, 몸의 모든 부분은 소중하다고 말해주세요. 집에서 몸의 특정 부위에 별명을 붙여 부른다면, 그 부위의 올바른 명칭도 알려주세요. 이때 모든 사람은 다르게 생겼다는 사실, 그리고 여자아이와 남자아이의 일반적인 차이도 알려주세요. 그러나 다른 것이 틀린 것이 아니라는 사실을 동시에 말해줘야 합니다. 모든 사람은 똑같이 가치 있으니까요.

이 시기에는 아이의 감정과 좋아하는 사람에 관해 이야기를 나눠도 됩니다. 긍정적으로 말하되, 청소년기의 연애와 혼동하지 마세요. 이 단계에서는 '성애적 감정'이 아주 미약한 상태입니다. 이런 좋아하는 마음을 어떤 방법으로 표현할 수 있을지 아이와 이야기하세요. 그 방법은 하나가 아닐 수도 있어요.

아이가 마음을 표현하는 법을 배우는 이 시기에는 자신과 다른 사람의 경계를 존중하는 법을 배워야 합니다. 아이는 자기 몸의 상태, 그리고 다른 사람이 자기 몸을 만지려 할 때 허락 여부를 스스로 결정할 수 있습니다. 싫다면 "안 돼요."라고 말할 수 있어야 해요. 아이와 함께 단호하고 명확하게 말하는 연습을 하세요. 또한 누군가가 만지지 못하게 한다면 거절을 받아들여야 합니다. 내가 아무리 친구를 좋아하더라도 친구는 나를 그렇게 많이 좋아하지 않을 수도 있다는 사실을 알려주세요.

좋아하고 사랑하는 감정은 평생 중요하다고 말해주세요. 그 대상은 가끔 바뀔 수 있지만, 그 감정 자체는 소중하고 아름답다는 사실도요.

콕 찌르는 듯한

다양한 감정

이 시기의 아이는 자신의 감정과 이를 표현하는 방식이 즉각적이고 단순합니다. 아이는 자신의 몸을 느끼는 법을 배우면서 다른 사람들의 몸도 궁금해하죠. 아이는 자기 자신과 자신의 몸, 거울에 비친 자신의 모습을 사랑합니다. 그 외에도 누구나, 혹은 무엇이나 아이가 사랑하는 대상이 될 수 있죠. 어린이집의 또래 친구에게 반할 수도 있는데, 좋아한다고 말하거나 뽀뽀를 하거나 쫓아다니는 식으로 좋아하는 감정을 표현합니다. 장난감이나 반려동물을 사랑하는 경우도 있고, 마당의 개미 한 마리조차도 애정과 돌봄의 대상이 될 수 있습니다.

소꿉친구가 좋아요

이끌림, 동경, 호감, 애정과 우정은 강력한 감정입니다. 이 설레는 감정 덕분에 아이의 일상에 새로운 의미가 생기고, 삶이 다채로워지며, 난생처음으로 가족 외의 존재에 애착을 가지고 매력을 느끼는 신선한 경험을 합니다. 이 얼마나 흥미로운 인간관계인가요! 특히 새로운 사람에게 반하고 그를 좋아하는 경험을 함으로써, 아이는 새로운 인간관계를 추구할 용기를 냅니다. 또한 자신이 중요하고 다른 사람에게 의미 있는 존재라는 것도 깨닫습니다. 인간관계에 꼭 필요한 이타심과 선의의 감정을 학습할 수 있습니다. 그 감정들을 표현하고 인간관계에 적응하는 법도 배웁니다. 한편 좋아하는 감정이 아이에게 상처를 주기도 합니다. 좋아하는 대상을 잃게 될 수도 있기 때문입니다.

아무튼 이 콕 찌르는 듯한 감정은 아이가 또래 집단에서 더 즐겁게 지낼 수 있게 해줍니다. 누군가 나를 좋아하는 것, 또 내가 누군가를 좋아하는 것은 멋지고 행복한 경험입니다. 아이는 뽀뽀나 포옹을 하고, 자리 양보를 하고, 감탄의 말을 하고, 선물과 쪽지 등을 주며 좋아하는 마음을 표현합니다. 다른 사람도 아이에게 그런 표현을 할 수 있죠. 좋아하는 마음에서 비롯된 이런 경험은 아이와 친구 모두에게 이로우며, 삶의 기쁨과 활력과 만족을 더합니다.

그러니 아이가 솔직하게 좋아하는 감정을 표현한다고 해서 아이를 놀리거나 혼을 내서 당황하게 하면 안 됩니다. 이 값진 감정을 가진다는 사실 자체가 얼마나 놀랍고 좋은 일인가요. 오히려 아이가 누군가를 좋아하고 있다는 사실을 알았을 때가 '우정의 규칙' 같은 여러 가지 삶의 기술을 가르치기에 가장 좋은 타이밍입니다.

아이는 아이의
방식으로 사랑합니다

아이가 누군가에게 반했거나 누군가를 좋아한다고 말과 행동으로 표현할 때, 부모는 종종 아이의 행동과 관계에 관해 말하며 자신이 가지고 있는 지식을 전하려고 합니다. 이때 주의할 것은 아이의 연령대에 맞는 대화를 해야 한다는 것입니다. 연령대에 맞는 대화란 어른의 연애와 인간관계를 설명하는 단어를 쓰지 않는 것을 뜻합니다. 예를 들어 아이가 좋아하는 상대, 즉 친구나 또래를 미래의 배우자라거나 연애하는 사이 혹은 약혼자나 커플이라고 이야기하면 아이는 무겁게 받아들입니다. 특히 '연애하는 사이'라는 말은 아이를 혼란스럽게 만들거나 마음에 상처를 줄 수 있죠.

때로는 아이 스스로가 이런 단어들을 사용하기도 합니다. 예를 들어 좋아하는 친구를 여자친구 혹은 남자친구라고 말하는 것이죠. 하지만 아이에게 이 단어들의 의미는 어른이 이해하는 것과는 다릅니다. 아이에게는 여자친구나 남자친구가 반려동물이나 음식에 관한 기호와 마찬가지의 의미일 수 있습니다. 그러니 아이의 눈높이에서 차근차근 설명해주세요. 좋아해도 된다는 확신을 가지고, 좋아하는 감정을 표현하는 것은 당황스러운 일이 아니라 멋진 일이라는 것을요. 하지만 감정의 표현에는 규칙이 있다는 사실도 알려주어야 합니다.

앞서 말했듯이 아이는 사랑의 말과 포옹, 뽀뽀 등을 통해 온몸에서 좋은 느낌이 든다는 것을 깨닫습니다. 이에 따라 아이는 여러 가지 방법으로 스스로를 애무할 수 있습니다. 어떤 아이들은 애착담요로 볼을 쓰다듬는 것을 좋아합니다. 아이에게 몸의 모든 부분은 평등하기에 성기를 쓰다듬기도 합니다. 이때 부모는 아이의 모든 손길에는 성적 수치와 혼란으로 인한 장애물이 존재하지 않는다는 사실, 따라서 아이의 감정 표현에 제한이 없다는 사실을 알아야 합니다. 부모가 제대로 알려주기만 한다면, 아이는 규칙과 예의를 학습할 준비가 되어 있습니다.

아이가 자기 몸과 다른 사람의 몸을 존중하도록 가르쳐야 합니다. 아이에게는 자기 몸에 대해 결정하고 "안 돼요."라고 말할 권리가 있습니다. 또한 다른 사람이 "안 돼요."라고 말할 때 존중하는 법을 가르쳐야 합니다. 자신의 생각과 감정을 신뢰하도록 격려해주세요. 예를 들어 신체검사 놀이나 의사놀이를 할 때 아이는 자신의 감정과 경계를 정확하게 표현하는 법을 알아야 합니다. 이 경계와 그에 따른 부모의 경험을 설명해주면, 아이는 호감을 느끼는 법과 표현하는 법을 배웁니다. 아이에게 무슨 일이 생기면 언제든 와서 이야기해도 된다고 말해주세요. 예를 들어 어른이든 아이든 누군가 뭔가 잘못된 행동을 했다거나, 나쁘거나 이상한 방식으로 만지고 말했다거나 하는 것 말입니다.

아이와 함께 생각해보세요

좋은 친구는 어떻게 얻을 수 있을까요?

아이가 친구관계에서 지켜야 할 규칙에는 어떤 것이 있을까요? 다음의 규칙들을 아이와 함께 읽으며, 이 규칙들이 왜 중요하고 왜 지켜야 하는지 알려주세요. 친구들에게 이러한 규칙을 요구할 수 있다는 사실도 알려주세요. 그럼 좋은 친구를 얻을 수 있을 거예요.

소꿉친구가 좋아요

- 예의 바르게 행동해야 해요.
- 다정하게 행동해야 해요.
- 눈을 바라보면서 즐겁게 대화해야 해요.
- 미소를 짓는 게 좋아요.
- 몸을 깨끗하게 해요.
- 관심을 표현해요.
- 공정하고 진실하게 행동해요.
- 친구의 비밀을 다른 사람에게 말하지 않아요.
- 다른 사람을 험담하지 않아요.
- 서로 생각이 달라도 싸우기보다는 친구의 생각을 이해하려고 노력해요.
- 친구가 되기 어렵다면 그 이유를 설명해요.

아이에게 다양한
인간관계를 알려주세요

아이는 친구와 다른 가족들을 만나면서 다양한 인간관계가 있다는 것을 배우게 됩니다. 가족, 어린이집, 이웃들, 친구들, 친척들 혹은 동료들이라는 단어가 무엇을 뜻하는지 서서히 이해하기 시작합니다. 사람들을 다른 사람들과 연결하는 요소들을 알게 되는 거죠. 내 가족이 내게 얼마나 특별한지 깨닫게 되고, 가족들을 다른 사람들과 다르게 대하게 됩니다.

엄마, 나도 사랑을 해요

물론 상황이나 관계에 따라 다르게 적용될 수 있죠.

이 시기부터 여러 형태의 가족들이 존재할 수 있다는 사실을 아는 것이 바람직합니다. 모든 가족이 한 명의 엄마와 한 명의 아빠로만 이루어진 게 아니라, 어느 가족에는 부모가 많거나 적기도 하고, 부모의 성별이 다르거나 같기도 하다는 사실을요. 어떤 가족에는 자녀가 아주 많고 다른 가족에는 자녀가 하나도 없습니다. 어떤 아이는 집이 두 군데라, 양쪽 집을 번갈아가며 머물기도 합니다.(핀란드 이혼가정의 경우 자녀들이 부모 양쪽의 집에서 번갈아가며 일정 기간 지내도록 권장하고 있다. —옮긴이) 모든 가족이 내 가족과 같아야 한다는 규칙은 없습니다. 아이가 어릴수록 가족의 다양성을 이해하기가 쉬우며, 인생의 혼란도 적게 겪게 되죠.

변화하는 인간관계를 경험함으로써 여러 가지 감정이 있다는 것, 그리고 각각의 감정을 묘사하는 알맞은 이름들을 배웁니다. 분노, 좌절, 증오, 슬픔, 질투 같은 부정적인 감정과 기쁨, 환희 같은 긍정적인 감정 역시 경험할 수 있습니다. 아이가 여러 감정을 경험하고 그것을 느끼고 소리 내어 표현할 수 있다는 사실이 중요합니다.

우정과 사랑은 영원하지는 않더라도 오랜 시간 동안 변함없이 강한 감정일 수도 있습니다. 그러나 감정은 단지 감정일 뿐이며, 끓어오르는 모든 감정은 분명 지나간다는 것을 아이가 배우는 것이 중요합니다. 사람은 감정 이상의 존재이며, 감정은 시간이 지남에 따라 자연스레 변합니다.

몸 이름 써보기

큰 종이를 준비하고 거기에 부모님이 먼저 사람 모습을 그리세요. 그런 다음 아이와 함께 몸의 각 부위의 이름을 쓰세요. 특정 부위에 사용하는 애칭이 있다면 애칭과 원래 이름을 함께 쓰세요.

종이에 썼던 모든 이름들을 아래에 적어보세요.

긍정적인 내 몸

앞서 했던 '몸 이름 써보기'를 색다른 방법으로 해보세요. 커다란 전지를 바닥에 깔고 아이를 그 위에 눕게 하세요. 두꺼운 마카나 매직을 사용해 아이의 몸 외곽선을 따라 선을 그리세요. 그 안에 앞에서 함께 생각해낸 몸의 각 부위의 이름을 최대한 많이 써보세요.

활동이 끝난 후 아이의 기분을 물어보세요. 아이가 긍정적인 느낌을 받았는지, 혹시 나쁜 기분은 들지 않았는지 물어보고, 그 결과를 아래에 적어보세요. 또한 부모님의 지금 기분도 적어보세요.

이 시기의 아이는 남녀의 성별을 인식할 수 있습니다. 성 역할과 그 가치관을 배우는 중요한 시기죠. 처음으로 '사랑하는' 어른이 생깁니다. 아이는 특정 어른에게 강한 애착을 느끼고 그 사람의 곁에 있고 싶어 할 수 있습니다. 성인 커플을 보며 아이는 그것이 자신이 몰랐던 새로운 방식의 사랑임을 이해합니다. 때로는 자기 부모를 온전히 차지하고 싶어 합니다. 즉 엄마나 아빠와 결혼하고 싶어 하는 거죠.

아이는 사랑이라는 감정에 대해 이야기하고 이를 소중히 하는 법을 배웁니다. 또한 남녀의 차이와, 자신의 성별을 소중히 여기는 법을 배웁니다. 좋은 느낌을 추구하고 자신의 몸을 편안히 하는 법을 배우게 됩니다. 그러면서 긍정적인 신체상과 자존감이 함께 자라나죠. 자신의 매력을 경험하면서 장래에 자신이 누군가의 바람직한 동반자가 될 것이라는 믿음이 더 강해집니다. 에티켓과 프라이버시를 보호하는 규칙들도 익힙니다. 또한 부정적인 감정들도 존재하지만 이를 두려워할 필요가 없으며 극복할 수도 있다는 것을 알게 됩니다.

CHAPTER 4

3단계(3~9살)

엄마 아빠랑

──────────── 결혼하고 싶어요

아이는 자라서 어른이 되면 자신에게도 특별한 관계가 생길 것이라고 꿈꿉니다. 또한 누구와 그런 관계를 맺게 될지도 진지하게 생각하죠. 이때 부모는 자신들을 예로 들어 특별히 사랑하는 관계가 어떤 것이고, 사랑에 빠지는 게 얼마나 좋은 감정인지를 알려주세요. 아이가 자라면 누군가의 멋진 동반자가 될 것이라고 말해주세요. 이때 가족이 아닌 사람들, 나이가 비슷한 사람들만이 결혼하거나 연인이 된다고 말함으로써 세대 간의 경계를 구분해주세요.

아이에게 일상생활에서 지켜야 할 행동 규칙을 알려주세요. 비꼬거나 창피한 기분이 들게 해서는 안 됩니다. 올바르고 긍정적인 방법으로 규칙을 습득하게 하세요.

아이가 사랑한다는 표현을 하면 이에 감사하며 기뻐하는 모습을 적극적으로 보여주세요. 이런 경험을 한 아이는 자신의 사랑이 중요하다고 느끼고 표현도 잘하게 됩니다. 또한 어떤 감정이든 자신의 감정을 솔직하게 말한 아이에게 용감하다고 말해주세요.

부모 자식 간 사랑은 영원하고 아름답다고 말해주세요. 나이가 들어서도 계속되고, 안전하며, 다른 사람과 연인 혹은 배우자가 되더라도 모든 상황에서 변치 않고 자신을 지지해주는 사랑이라고 확신하게끔 해주세요.

나 좀 봐봐!

멋지지?

이 시기 아이들은 장난기와 기쁨으로 가득 차 있습니다. 호기심이 많고 몸의 모든 부분을 이용해 놀이를 합니다. 콩을 코나 귀에 집어넣는 장난을 치기도 합니다. 의욕이 넘치며, 개방적이고, 인간관계에 장애물이 없어 어른의 무릎 위로 기어 올라 품에 쉽게 안깁니다.

동시에 성별이나 몸에 대한 관심도 지대하죠. 어른들에게 성별에 대한 질문을 자주 던집니다. 아이는 남성과 여성이 어떤 일을 할 수 있는지 묻고 어른들을 따라 하기도 합니다. 그러니까 남자와 여자 역할 놀이를 하기도 합니다. 남자아이가 남자 역할을 하고 여자아이가 여자 역할을 할 수도 있지만 때로는 남자아이가 여자 역할을 하고 여자아이가 남자 역할을 할 수도 있어요. 또한 아기를 갖는 놀이나 의사놀이를 하기도 합니다. 놀이를 통해 아이는 여러 가지 몸들을 알게 되고 인생의 여러 사건들에 대해 생각하게 됩니다. 그러면서 아이는 커서 여성이 될 여자아이든, 남성이 될 남자아이든, 어느 쪽이든 멋지다는 것을 배울 수 있습니다. 혹은 아이가 관계에 따라 남녀 모두의 특성을 가진 사람이 되면 좋겠다고 생각할 수도 있습니다.

아직 성의 계단 3단계에 머물러 있지만 더 높은 단계들에 대해서도 흥미를 가질 수 있습니다. 하지만 아직은 이해하기도 힘들고 실생활에서 경험하고 싶어 하지도 않아요. 그러니 아이의 현재 단계에 맞고 아이가 이해할 수 있는 단순하고 아름다운 언어로 설명해주는 것이 좋습니다.

부모가 이끄는 대로 행동 규칙을 배우는 게 이 시기입니다. 아이는 왜 항상 옷을 벗고 있으면 안 되는지, 혹은 다른 사람의 몸을 만져서는 안 되는지 아직 알지 못합니다. 그러니 부모는 아이에게 적절한 방식으로 규칙을 알려줘야 합니다. 중요한 건 긍정적인 방식이어야 한다는 겁니다. 비꼬거나 창피한 기분이 들게 해서는 안 됩니다. 특히 의미 없는 금기는 피하세요. 아이는 아이다운 호기심을 가질 수 있어야 합니다.

훈육할 때는 아이를 존중하는 태도를 갖는 게 중요합니다. 규칙은 누구나 지켜야 하는 것으로, 좋은 습관을 기르기 위한 것입니다.

모두를
사랑하고 싶어

아이는 가까이 있는 모든 대상에게 사랑을 아낌없이 나누어 줍니다. 사람, 동물, 장난감, 심지어는 돌이나 나무에게도 말이죠. 이건 아이가 가진 특권입니다. 자기 자신을 사랑하고, 자신의 몸과 거울에 비친 모습을 사랑하며, 누구든 무엇이든 사랑의 대상으로 삼는 것 말입니다. 특히 아이는 가족 구성원 모두를 조건 없이 사랑합니다. 물론 가족 구성원 중 누군가가 아이의 각별한 사랑을 받을 수 있고요. 아이는 강한 사랑의 감정을 표현할 안전한 대상을 찾는데요, 이때 아이는 주위에서 어떻게 사랑을 표현하는지 유심히 관찰하고 그것을 본보기로 삼습니다.

이때 어른의 과제는 무엇일까요? 아이의 사랑을 지지하는

엄마 아빠랑 결혼하고 싶어요

것입니다. 아이가 사랑에 빠지는 것은 멋진 일입니다. 사랑은 기분 좋을 뿐만 아니라 사람을 강하게 만들기 때문이죠. 사랑은 좋은 사람이 되고 좋은 행동을 하고자 하는 강력한 감정입니다. 그러니 아이가 자신의 감정이 상대에게 받아들여지는 경험, 올바르고 긍정적인 방식으로 이 사랑의 감정을 경험하는 것이 중요합니다.

엄마나 아빠랑
결혼하고 싶어요

특히 아이는 가까운 사람들의 동반자 관계에 주목합니다. 대개 부모가 되겠죠? 아이는 처음 사랑에 빠지는 경험을 하고 자신의 사랑에 대한 부모의 반응을 보면서 부모가 자신에 대해 가지는 관점, 즉 자신이 미래의 동반자 관계를 얼마나 잘 맺어나갈 수 있는 사람인지에 대한 부모의 생각을 알아차리게 됩니다.

어느 순간부터 아이는 자신에게도 연인이 있기를 희망합니다. 대개는 부모 중 한 사람이지만 다른 가족을 사랑할 수도 있습니다. 아이는 사랑의 대상으로 자신이 잘 알고 안전하다고 생각하는 사람을 고릅니다. 아주 자연스러운 일이죠. 이 때 성별은 중요하지 않습니다. 아이는 감정의 대상을 소유하고 싶어 하고, 같은 정도의 반향과 사랑을 되돌려받고 싶어 합니다. 사랑하는 대상에게 전적으로 헌신할 준비도 되어 있습니다. 아예 상대에게 결혼하자고 말할 수도 있죠. 또한 상대에게 애교를 부리고 기꺼이 무릎에 앉거나 껴안는 놀이를 하기도 합니다. 아이가 부모 중 하나와 결혼하고 싶어 한다면 부부간의 애정 표현을 질투할 수도 있습니다. 부모 혹은 다른 '약혼자' 가족의 과제는 가치 있고 안전한 사랑의 대상이 되는 것입니다.

아이의 좋아하는 마음이 가족 내에서 어떻게 받아들여지는가에 따라 아이는 자신의 감정을 표현할 필요성을 판단하게 됩니다. 다시 말해 아이가 사랑을 말하고 표현하는 것을 상대가 자랑스러워하고 좋아하는 감정을 표현해서 돌려준다면, 아이는 자신의 사랑이 가치 있고 타인에게 잘 받아들여진다고 믿게 됩니다. 또한 아이가 꿈꾸는 결혼에 대해 어른이 존중하는 태도로 말한다면, 아이는 자신이 좋아하는 상대에게 그것을 말할 필요가 있으며, 동시에 누구에게나 말할 수 있다는 것을 알게 됩니다. 이로 인해 아이는 자신이 충분히 괜찮은 사람이고, 적절한 시기에 적합한 동반자를 탐색할 수

엄마 아빠랑 결혼하고 싶어요

단과 용기가 자신에게 있다는 믿음을 강화합니다.

이 단계의 동경은 아직 아이의 장래나 성 정체성을 말해주지는 않습니다. 부모는 아이의 성별이 무엇이든 장래에 멋진 동반자가 될 수 있고, 부모와 가족은 아이가 동반자를 자유롭게 선택할 수 있도록 허용하고 지지할 것임을 알려주고 이해시켜주세요.

다만 아이에게 경계와 규칙도 알려줘야 합니다. 아이를 존중하는 태도를 유지하며, 은밀한 신체 부위는 다른 사람이 만지게 해서는 안 된다고 적절히 알려주세요. 아이의 호기심은 끝이 없기 때문에, 아이에게 마음의 상처를 주거나 체벌하지 않고 부드럽게 경계를 말해줘야 합니다.

아이의 감정 세계를 지지할 때 가장 큰 목표는 아이가 느끼는 큰 사랑이 정말 좋은 감정임을 표현하고 알려주는 것입니다. 사실 이 작은 아이는 아직 좌절이나 그로 인한 불확실함을 겪어보지 못했기에 자신의 사랑을 온 마음과 열정을 다해 표현합니다. 그 동경은 아주 강하고 거침이 없습니다. 그만큼 상처를 입기도 쉽죠. 그러니 아이로 하여금 자신이 느끼는 사랑의 감정이 큰 선물이며, 그 감정을 표현할 가치가 있다는 것을 잘 배우도록 해야 합니다.

아이에게 따뜻한
선을 그어주세요

아이가 사랑한다고 말하면 부모는 똑같이 답해주면 됩니다. 이런 감정의 응답을 듣게 되면 아이는 특별한 상을 받은 기분이 들고 행복해합니다. 온전한 포옹과 뽀뽀는 이 사랑의 관계에 도장을 찍습니다. 보통 이보다 더 뜨거운 유대감을 아이는 바라지도 생각하지도 않습니다. 어느 정도 시간이 흐르면 아이는 자기 부모와 결혼한다는 것이 지루하고 나쁜 생각으로 여겨지기 시작하고, 그런 이야기도 더 이상 하지 않습니다.

그런데 아이가 엄마나 아빠 혹은 가족 중 누군가와 결혼하겠다는 꿈을 포기하지 않으면 어떻게 해야 할까요? 아이가 어른에게 같이 이사 가거나 결혼하자고 계속 졸라대는 경우도 있습니다.

이때는 따뜻하게 선을 그어주어야 합니다. 부모는 아이보다 훨씬 나이가 많고, 이미 다른 사람의 동반자이기에 아이의 짝이 될 수 없다고 설명해주는 거죠. 물론 아이와 어른이 서로 사랑하는 감정이 생길 수도 있지만, 연애는 서로 나이가 비슷한 사람들끼리만 가능하다고 말해주세요. 이렇게 해서 세대 간의 경계가 명확해집니다. 한편 나이가 들수록 사랑에 빠질 때 상대가 몇 살인지는 점점 덜 중요해지는데, 그럼에도 양쪽 모두 성인이어야 한다는 점이 가장 중요하다는 것을 분명하게 해주면 좋습니다.

사랑의 감정과 그 표현은 때로 아이에게 강한 소유욕을 불러옵니다. 아이는 사랑하는 사람을 전적으로 소유하기를 원하고, 그를 다른 사람과 나눠야 할 때는 질투심에 괴로워합니다. 따라서 이 단계에서 이미 사랑의 감정과 함께 이성(理性)을 사용하는 방법을 가르칠 필요가 있습니다.

사랑하는 모든 것을 얻거나 소유할 수는 없습니다. 엄마나 아빠와 결혼할 수 없고, 어른은 다른 어른을 특별한 방식으로 사랑하며 아이는 그 사이에 끼어들 수 없다는 현실을 깨닫게 해야 합니다. 이 꿈을 포기하는 것은 아이에게는 아주 쓰라린 좌절입니다. 이러한 소외감과 통제력의 상실은 큰 상처이지만, 가까운 사람들의 지지로 이겨낼 수 있습니다. 사랑의 대상을 소유할 수는 없더라도 그를 사랑할 수는 있으며, 사랑은 여전히 아름답습니다. 사랑의 보답을 받을지 여부는 강제할 수 없지만 그래도 선물처럼 받을 수는 있습니다.

이 단계의 아이가 자신의 부모를 사랑하고 꿈의 대상으로 삼는 것은 건강하고 정상적인 일입니다. 사실 부모가 아이의 사랑을 지지하더라도, 엄마나 아빠는 자식과 결혼할 수 없다고 말함으로써 어쩔 수 없이 아이를 좌절시키게 됩니다. 어른이 아이의 청혼을 거절한다면 그것은 아이에게 큰 실망감을 주게 되죠.

기억하세요. 첫 거절은 아픕니다. 좌절, 분노, 질투, 소유욕, 시기, 비통함, 불공평하다는 느낌, 자기 부정, 버려졌다는 감정이 아이의 마음을 가득 채울 수 있습니다. 이 거대하고 충격적인 감정을 아이가 감당하기 어려울 수도 있습니다. 이 작은 아이는 고통을 줄일 방법도 모르고, 그것이 지나가는 감정이라는 사실도 이해하지 못합니다. 그러니 아이를 위로하며, 엄마 아빠를 사랑하는 시기는 지나갈 것이며 지나가야 한다고 말해주세요. 그래도 엄마 아빠의 사랑은 변하지 않는다고요.

그럼에도 아이에게 이는 너무 큰 좌절이고 견딜 수 없는 상황입니다. 아이의 성향에 따라 자신의 좌절을 표현하는 강도는 다 다르지만, 아이는 자기 감정을 부인함으로써 자신은 물론 자신의 감정과 소원해지려 노력합니다. 아이는 심지어 버려졌다는 느낌을 받기도 하는데 이를 내버려두면 안 되겠죠. 나쁜 감정은 풀어야 합니다.

이제 아이에게는 인정과 화가 났을 때 도움을 받는 경험이 필요합니다. 아이는 자신이 견딜 수 없는 감정을 다룰 줄

엄마 아빠랑 결혼하고 싶어요

알고, 자신을 혼자 남겨두지 않는 어른을 필요로 합니다. 다시 말해 자신이 이성을 잃을 만한 상황에 처했을 때, 이를 해결할 다른 수단이 없을 때 평정을 유지하고 무엇을 해야 할지 아는 누군가를 필요로 합니다. 바로 부모입니다.

부모의 위로에 아이는 마음이 한결 가벼워집니다. 아이는 어떤 감정은 너무 나빠서 나쁜 행동을 하고 싶어질 수도 있습니다. 이는 자연스러운 감정입니다. 그래도 감정 때문에 나쁜 행동을 해서는 안 된다는 사실을 알려주어야 합니다. 한편으로 어떤 아이들은 이 좌절의 상황을 전혀 심각하게 생각하지 않고 연인이 될 수 있는 후보가 많다는 사실에 만족하기도 합니다.

마음을 다해 고른 상대에게 자신이 충분하지 못했던 경험은 어떤 경우든 상처를 줄 수 있습니다. 하지만 동시에 이 사실은 아이의 사랑을 자유롭게 해줍니다. 이제 아이는 다시 새로운 사랑의 대상을 찾아 나설 수 있습니다. 주변의 또래 아이들을 돌아보는 법을 배우고 다음번엔 형제자매 혹은 놀이터에서 만난 아이들과 부부 놀이, 소꿉놀이를 할 계획을 세우고 실제로 만나서 같이 해볼 수 있는 가능성을 얻습니다. 부모의 사랑 속에서 첫 실연과 좌절을 경험하고 그것을 극복함으로써 부정적인 감정을 스스로 조절하고 헤쳐나갈 수 있음을 배우게 됩니다.

미래의 가족에 대한
재미있는 상상

아빠나 엄마 혹은 다른 가까운 가족과 결혼하기를 희망하는 아이의 생각은 진지하게 받아들이기 힘들지만, 그들을 결혼 상대로 택하는 데는 나름의 이유가 있습니다. 아이는 이렇게 가깝고 사랑하는 사람들만을 알고 있으므로 다른 사람들이나 다른 종류의 관계를 상상하기 힘들어요. 아이의 눈에 엄마 아빠와 주변 어른들은 거의 완벽하고, 모든 것을 알고 있으며, 크고 안전합니다.

그러니 아이가 하는 "엄마(혹은 아빠)와 결혼하고 싶어요! 할 수 있나요?"라는 질문의 배경에는 다음과 같은 아주 중요한 여러 가지 '진짜 질문'이 숨어 있습니다.

"내가 사랑하는 멋진 사람을 배우자로 맞을 수 있나요?"

"세상에서 최고로 멋지고 아름다운 사람을 연인이나 동반자로 원해도 되나요?"

그러니 아이가 하는 질문들을 잘 기억하고, 긍정적으로 대답해주는 것이 중요합니다. '레미콘 트럭'을 타고 아빠나 엄마와 결혼하겠다고 우기는 아이의 말을 그저 웃어넘긴다면 부모는 의도치 않게 아이의 질문 행간에 숨어 있는 중요한 질문을 무시하는 결과를 초래합니다.

부모는 아이에게 앞으로 어떤 일이 일어날 것인지 이야기할 수 있습니다. 세상에는 자신에게 적합한 동반자 후보들이 많다는 것을 아이가 이해하게 도와줘야 합니다. 어른의 과제는 아이와 함께 아이의 꿈과 희망에 관해 긍정적인 뉘앙스로 이야기 나누고 그리는 것입니다. 그렇게 함으로써 아이의 미래를 함께 예상할 수 있습니다. 이는 기분 좋고 행복한 경험입니다. 부모는 아이가 어른이 되면 분명 비슷한 또래의 동반자를 찾을 수 있고, 그를 엄마 아빠만큼이나 사랑하게 될 것이라 말할 수 있습니다. 그 사람과 둘만의 관계를 맺고 혹은 결혼해서 같은 집에 살며 아이들을 갖게 되리라고 말입니다.

이때 아이가 아직 이 말들을 이해하지 못한다면, 이런 말을 하는 엄마 아빠가 미쳤다고 생각할 수도 있습니다. 우리 집이 아닌 곳에서는 절대로 살 수 없을 거라고 생각하는 것이죠. 바깥세상은 너무 이상하고 커 보여서 그곳에서 자신이 잘 지낼 것이라고 상상하기 힘들 수 있죠. 하지만 부모는 일찍부터 아이가 자라면 세상에 잘 적응할 것이고 연인관계를 비롯한 자신의 행복을 일구어나갈 수 있는 어른이 될 것이라는 상상과 믿음을 심어줄 필요가 있습니다. 아이가 스스로 나가서 살고 싶다고 느낄 때까지는 집을 떠날 필요가 없지만 작은 새들이 자라 둥지를 떠나듯 언젠가는 아이도 집을 떠나고 싶을 때가 오리라 확신한다고 말해주세요. 그러면 아이도 독립이나 동반자 관계에 대해 긍정적으로 생각할 것입니다.

아기는 어떻게 생기고
어디서 오나요?

아이는 아기가 어떻게 생기는지, 어떻게 태어나는지 알고 싶어 합니다. 이때 아이의 나이에 맞게 말해주어야 합니다.

처음 그런 것을 궁금해하는 아주 어린 아이들에게는 "아기는 엄마 뱃속에서 왔어."라는 대답이 나이에 맞고 충분합니다. 좀 더 생각이 발전하면 아기가 어떻게 엄마 뱃속으로 들어갔는지를 궁금해하겠죠. 그러면 더 자세한 대답을 해주면 됩니다.

자녀의 관심사와 이해력은 계속 발달하는 중입니다. 따라서 같은 주제라도 연령 단계에 따라 새롭게 다루어야 합니다.

나이가 들수록 더 깊이 이해할 수 있고, 너무 어려서 아직 이해하지 못하는 것들도 있습니다. 그래도 아이가 물어보면 아이의 눈높이에 맞게 대답해주세요. "그런 이야기를 하기엔 네가 너무 어려."라는 부정확한 대답은 아이에게 혼란과 수치심만 불러올 뿐입니다.

아이는 아기가 어떻게 생기는지, 특히 자신이 어떻게 태어났는지 궁금해합니다. "나는 어떻게 우리 가족을 만났을까?"라고 묻는 아이에게 어떻게 이야기를 해줘야 할까요?

아기가 생기는 과정을 간략하게 생각해봅시다. 남자의 고환 속에는 아주 많은 정자(아기씨)가 들어 있는데, 사랑의 행위를 함으로써 정자가 여자의 성기를 통해 난자가 기다리고 있는 아기집(혹은 둥지, 자궁)으로 들어갑니다. 정자 중 하나라도 난자와 만나게 되면 여자 뱃속의 아기집에서 자라기 시작합니다. 아홉 달 정도가 지나면 다 자란 아기는 엄마의 성기를 통해 태어나게 됩니다. 가끔은 아기가 엄마 뱃속에서 나올 수 있도록 수술실에서 의사가 도와주기도 합니다.

여러 가지 이유로 자신이 낳은 아기를 키울 수 없는 엄마도 있습니다. 그럼 아기는 비행기나 자동차를 타고 아기를 원하는 다른 엄마 아빠의 가족이 되기 위해 옵니다.

부모는 아이가 무엇에 흥미를 가지는지 파악하고, 아이의 나이에 맞는 올바른 지식을 알려줘야 합니다. 만약 정자를 어떻게 여자의 성기에 넣는지 구체적으로 알고 싶어 한다면 어떻게 대답해야 할까요? 단순하고 담백하게 말해줄 필요가 있습니다. 남자와 여자가 가족으로서 아기를 갖기를 간절히 원한다면 사랑의 행위로 아기를 얻으려 한다고 말입니다. 두 사람은 아주 가까이에서 서로를 쓰다듬고, 그 과정에서 남자의 성기(혹은 고추 등 집에서 쓰는 애칭)를 여자의 성기에 넣으면 남자의 정자가 여자의 난자에게로 간다고 말입니다. 가끔은 정자를 여자 몸속의 아기집에 넣기 위해 의사나 간호사의 도움이 필요하다는 이야기를 해줘도 됩니다. 또한 두 여자가 아기를 가지고 싶어 한다면, 의사가 다른 남자의 정자를 미래에 엄마가 될 사람의 몸속에 넣습니다.

자녀가 이런 방법들을 알게 된다면 가끔 부모와 성관계를 하거나 아이를 갖고 싶다고 할 수도 있습니다. 왜냐하면 '실제로' 아기를 만든다는 것이 무슨 의미인지 정확히 이해할 수는 없지만, 멋지고 적절한 행동이라 여기기 때문입니다. 그런 행동들이 사랑하는 사이에 당연한 것이라면 이를 바람직한 것이라고 판단하는 게 어떻게 보면 자연스럽습니다. 그러니 아이가 이런 생각을 실제로 말하거나 몸으로 표현한다면, 아이와 어른 간의 성관계는 있을 수 없다는 사실을 아주 분명

엄마 아빠랑 결혼하고 싶어요

히 알려줘야 합니다. 아이의 행동은 어른의 책임임을 잊지 마세요. 어른이 제대로 이끌어주면 아이는 사랑하는 관계가 안전하다는 것을 배우고, 자신의 성적 발달 단계를 제대로 알고 존중할 수 있습니다.

엄마, 나도 사랑을 해요

우리 가족의 역사 짚어보기

아이에게 가족의 역사를 말해주세요. 우선 아이에게 어떻게 가족의 일
원이 되었는지 알고 있는지 물어보고, 자신의 역사를 생각해보게 유도
하세요. 그런 다음 아이에게 어떻게 아이가 가족의 일원이 되었는지 말
해주세요.

이야기를 들은 아이의 반응은 어땠나요? 아이가 보인 반응과 아이의 말을 아
래에 적어보세요.

남자와 여자는 이렇게 달라

영아기, 청소년기, 성인기 남자와 여자의 그림을 그리거나 찾아보세요.
그림을 아이와 함께 보며, 아이에게 여자와 남자가 나이에 따라 어떤 차
이가 있는지 알려주세요. 그리고 그 차이에 대해 이야기를 나눠보세요.

아이와의 대화를 아래에 기록하세요. 그리고 그 말이 어땠는지 생각해보세요.
아이에게 성적으로 편견이 있나요? 차이와 옳고 그름을 구별할 수 있나요?

남자와 여자는 어떤 일을 할까?

남자와 여자가 보통 어떤 일을 하는지 아이와 이야기를 나눠보세요. 아이들끼리는 이런 것들에 관해 서로 많은 대화를 나누기 때문에 어른도 함께 이야기를 나눠볼 필요가 있습니다.

아이는 어떤 일을 남자의 일이라고 여기나요?

아이는 어떤 일을 여자의 일이라고 여기나요?

아이의 생각이 어떤지, 부모 입장에서 생각해보고 아래에 적어보세요.

6~12살 정도만 되어도 아이는 가까운 사람들에게서 눈을 돌려 다른 동경의 대상을 찾습니다. 유명하고 인기 있는 아이돌이나 선생님 같은 멋진 어른이 그들입니다. 이를 '우상'이라고 부르죠. 아이는 우상이 자신과 사랑에 빠질 수도 있다는 생각을 하며 우상과 연인이 되는 꿈을 꿉니다. 이런 게 허황되거나 나쁜 일일까요? 아닙니다. 오히려 아이가 어른이 되어서 연인관계를 맺을 수 있을 것이라는 믿음을 강화하고 자존감을 키웁니다. 아이는 우상을 사랑하고 숭배하는 것을 즐기고, 자신을 우상과 동일시하며 행복해하고, 그런 자신의 감정을 친구들에게 자유롭고 공개적으로 이야기하죠.

언젠가 집을 떠나 가족이 아닌 사람과 살 수 있지만, 아이는 그것이 지금은 단지 상상이자 머릿속 놀이일 뿐이라는 것을 압니다. 사실 어른이 되어 부모를 두고 집을 떠나야 한다는 사실은 아이를 불안하게 하죠. 그런데 상상력을 바탕으로 성공, 멋진 어른, 우상 같은 삶, 혹은 우상과 함께하는 동화 같은 이야기를 꿈꾸고 생각하면 이는 많은 시간이 흐른 후에 자립할 수 있는 힘을 줍니다. 아이 내면에 자신이 직접 설계한 희망과 상상의 나라가 생겨납니다. 이때 어른들이 아이의 꿈을 긍정적으로 들어주고 받아준다면 아이의 감정세계가 더욱 풍부해집니다.

CHAPTER 5

4단계(6~12살)

화면 속 연예인이

멋져 보여요

아이가 연예인이나 스포츠 스타를 좋아해서 팬 카페에 가입하여 활동하거나 그를 흠모의 대상으로 공상하는 것을 막아서는 안 됩니다. 오히려 멋진 일이며, 어른들도 연예인을 좋아하고 상상도 많이 한다고 말해주세요. 세상은 멋진 사람들로 가득하며, 아이는 그들에게 큰 사랑을 느낄 수 있습니다. 부모로서 아이가 동경의 대상을 어떻게 생각하든, 아이의 동경하는 감정 자체를 지지해주세요. 팬덤 활동은 아이의 자존감을 키워주고 동경할 가치가 있다는 것이 무엇인지 이해하게 해줍니다.

아이가 동일시하는 대상을 존중해주세요. 아이가 우상의 옷차림이나 외모를 따라 하면 칭찬해주세요. 너무 갑작스러운 변화로 느껴지더라도 그렇게 하세요. 아이는 자신의 우상처럼 되고 싶어 하고, 다른 팬들과 동질감을 느끼고 싶어 합니다.

동시에 아이에게 현실 감각을 키워주세요. 감정이나 공상은 가능하지만 진짜로 우상의 연인이 될 수는 없습니다. 대신 언젠가 진짜 연인이 나타나겠죠. 그러니 지금 부모가 해야 할 일은 아이에게 상대방이 안전한지 가늠하는 방법을 가르치는 것입니다. 우상들은 멋지고 유명하지만 멀리 떨어져 있어 아이를 해칠 염려가 없습니다. 그래서 사랑하는 상대가 실제로 내게 어떤 영향을 끼칠 수 있는지 간과할 수도 있죠. 사람을 만날 때는 언제나 상대편이 안전한지 여부를 가늠해야 합니다.

더 큰 세상으로
나아가기 위해

아이는 이미 부모와 연인이 될 수 없다는 것을 압니다. 부모와 결혼하는 것은 어린아이의 관점에서는 사랑에 대한 쉽고 간단한 해결책이었겠지만, 이는 불가능하다는 것을 이해하게 됩니다. 그래도 아이는 여전히 특별한 사람을 사랑할 수 있기를 갈망합니다. 또한 아이의 생활반경도 넓어지면서, 이제 아이는 사랑의 대상을 가까운 사람들이 아닌 다른 곳에서 찾습니다. 물론 아무나 좋아한다는 뜻은 아니고, 아주 멋지고 매력적인 사람이어야 합니다.

만약 사랑하는 동반자를 찾을 가능성이 있다는 믿음이 부정되지 않았다면, 아이는 이제 예전보다 멋진 새로운 관계를 꿈꿀 용기를 내게 됩니다. 내 사랑을 가까운 사람들이 아닌 다른 사람들 중에서 찾아야 한다는 것은 매혹적이면서도 조금은 두렵습니다.

어쨌거나 놀이와 상상의 세계는 매혹적이며 이해하기 어려울 정도로 아름답습니다. 집을 떠나는 상상을 한다고 해서 꼭 집을 떠나서 살아야 하는 건 아니죠. 전 세계에서 손꼽히는 성공한 사람들로 북적거리는 대도시에 자리를 잡고 사랑하는 멋진 동반자를 얻는다면, 어쩌면 부모와 함께 살지 않아도 견딜 수 있지 않을까라고 생각하게 되는 거예요. 부모가 아이의 이런 꿈을 잘 들어주고 받아준다면, 아이는 공상이 아름다운 일이며 마음껏 해도 된다는 사실을 알게 됩니다. 공상은 위험하지도 않고, 자극적이지도 않으며, 너무 이른 경험으로 이끌지도 않으니 마음껏 상상의 나래를 펼치게 도와주세요.

우상과 함께하는 삶은 매일 다른 방식으로 상상할 수 있습니다. 이렇게 해서 환상과 현실의 차이가 커집니다. 그래서 아이에게 우상을 동경하는 과정은 매우 중요합니다.

아이가 선택한 우상은 '우연히' 선택된 것일 수 있습니다. 사실 그보다 훨씬 멋지고 매력적이 사람이 많을지도 모르지만 그래도 아이에게는 그가 세상에서 가장 멋진 롤 모델입니다! 여기서 부모는 아이의 개인적인 감정과 환상의 세계를 존중해줘야 합니다.

아이의 우상이 부모가 허용할 뿐 아니라 '부모도' 좋아하는 사람일 수도 있습니다. 또 어떤 경우에는 아이의 우상이 부모의 가치관에 부합하지 않을 때도 있습니다. 그래도 부모는 아이의 감정을 이해해줘야 합니다. 이 시기의 아이가 우상을 두고 현실적인 연애나 구체적인 진로를 꿈꾸는 게 아니기 때문입니다. 아이는 다만 공상을 통해 자신감을 기르는 연습을 하고 있을 뿐입니다. 자신의 감정을 탐색하고 즐기며 미래에 관한 솔깃하고 매혹적인 상상을 만들어냄으로써 삶의 의욕을 키우는 중이죠. 상상 자체가 그 대상보다 더 중요합니다. 아이는 상상을 통제할 여러 방법을 알고 있고, 그 대상은 아이가 생각하고 싶지 않을 때는 그 자리에 나타날 수 없습니다.

우상이 연예인이라면, 즉 아이가 물리적으로 충분한 거리를 확보한 아이돌이나 스포츠 스타를 동경과 관심의 대상으로 삼았다면 안전할 뿐만 아니라 우상을 동경하는 목적에도 맞습니다. 이러한 우상은 언제든 바뀔 수 있고, 진짜 연인처럼 서로에게 충실하지 않아도 되니까요.

한편 우상이 가까운 어른이 될 수도 있는데, 학교 선생님이나 학원 선생님이 그 대상입니다. 이처럼 실생활에서 만나

화면 속 연예인이 멋져 보여요

는 사람이 우상인 경우, 어른의 과제는 세대 간의 경계를 안전하고 명확하게 지키는 일입니다. 아이가 확신에 차서 공개적으로 자신의 감정을 표현하면 어른 입장에서는 과분한 칭찬을 받는 기분이 들 것입니다. 이처럼 아이가 공개적으로 자신의 감정을 표현하더라도 어른이라면 아이가 가진 동경의 감정을 자신에게 유리하게 이용해서는 안 됩니다. 어른은 아이의 발달단계를 존중하고 자존감은 물론 신뢰를 강화하고 안전하게 보호해야 합니다. 이는 어른이 마땅히 져야 할 책임입니다.

친구와 같이 '팬질'하면
즐거워요

종종 아이들은 많은 사람들이 좋아하는 우상을 선택합니다. 함께 누군가를 동경하고 좋아하게 되면 친구와의 동질감과 유대감이 커지기 때문이죠. 또한 내가 좋아하는 친구를 따라 하는 게 합리적이며 안전한 선택이라고 확신합니다. 친구들과 동경의 대상을 공유하고, 가능한 '동경의 표현'을 친구들과 함께 계획하고 실행하기도 합니다. 그러면서 또래들이 꿈과 사랑에 관해 말하는 공통적인 방법과, 또래들 사이에서 높게 평가되는 특성들이 무엇인지 배우게 됩니다.

이른바 '팬덤 활동'은 주로 휴대전화에 우상의 사진을 닥치는 대로 모으고, SNS를 통해 그의 행적을 찾아보는 식으로 이루어집니다. 아이는 우상의 기사를 모으고 그와 관련된 음악을 듣습니다. 밤에는 꿈속에서 우상을 보고, 낮에는 그와 함께 믿을 수 없는 사랑의 모험을 하는 공상을 합니다. SNS에서 다른 팬들과 활발히 소통하며 우상에 대한 사랑을 표현하고, 콘서트장에 가서 다른 팬들과 함성을 지르며 자신의 불타오르는 감정을 표현하죠. 어떤 아이들은 우상을 보기 위해 그의 스케줄을 파악한 후 공항에 가서 몇 시간이나 기다리기도 합니다.

배신하지도
떠나지도 않는 우상

우상은 아이를 배신하지도 떠나지도 않는데, 이는 실제로 연애하는 사이가 아니기 때문입니다. 그 거리를 둔 사랑과 상상은 안전합니다. 우상과 팬들은 서로의 사랑을 '간접적으로만'

느끼고 서로 어떤 것도 요구하지 않지만, 아이의 상상과 감정 세계에 많은 즐거움과 누릴 거리들을 줍니다.

아이가 우상에게도 사생활과 가족이 있다는 것을 알게 될 경우 가짜뉴스로 취급하거나 오해일 뿐이라고 생각할 수도 있습니다. 여전히 자신이 우상과 현실적인 연인 혹은 동반자가 될 수 있다고 믿을 수 있습니다. 어린이와 청소년의 세계에서 동화와 현실, 생각과 행위 사이에 있는 경계는 아주 미묘하기 때문에 선을 확실히 그어주어야 합니다. 또한 아이가 어른의 세계를 이해하지 못해 벌어진 위험한 상황 속에 내버려지지 않도록 주의 깊게 지켜보아야 합니다.

주로 가수들이 아이들의 우상으로 선택되곤 합니다. 음악의 본질과 기반은 감정 표현이며, 듣는 사람들이 갈망하는 메시지를 포함하고 있기 때문입니다. "네 품속에 영원히 안겨 있고 싶어, 다만 너를 위해 살고 싶고 너를 숭배해!"와 같은 메시지는 아이의 사랑에 대한 갈망에 좋은 응답이며, 아이의 마음을 만족시키고, 꿈과 상상의 성을 세울 자재를 제공합니다.

이런 사랑의 대상은 대중적으로 사랑받는 어른이나 유명인이 아닐 수도 있지만, 어쨌든 그는 아이가 아무리 원해도 현실에서는 함께할 수 없는 사람입니다. 대중의 사랑을 받는 유명인이 아이의 집 현관문을 걸어 들어와서 진짜로 사귀자고 한다면 아이는 두렵기까지 할 것입니다. 분명 아이는 겁을 먹고 달아나겠죠. 사랑하는 마음도 동시에 식을 것입니다.

사랑에 빠진 나는
아름답고 사랑스러워

이 단계의 어린이나 청소년은 어떻게 보면 '사랑에 빠진 나'를 사랑하는 셈입니다. 사랑하는 것, 동경 혹은 숭배는 그 자체로 큰 즐거움을 가져다줍니다. 사랑에 빠진 사람의 표정은 빛나고, 만족감으로 가득 차 있습니다. 사랑은 자존감을 높이는 건강한 경험으로, 감정의 영역을 넓히고 삶의 기쁨을 맛보게 해줍니다. 우상이 아이에게 자신을 사랑할 수 있는 가능성을 준 것은 마치 자신의 광채를 아이에게 준 것과 같습니다.

아이의 눈에 우상은 완벽하기 때문에 그를 생각할 때마다 즐거운 감정이 불붙어 아이를 온기와 열정으로 채워줍니다. 고마움의 표시로 아이는 우상에게 하늘의 달이라도 따다 주고 싶어 합니다. 이렇게 아이는 이타심과 선의를 배웁니다.

동경하는 우상의 공연, 콘서트 혹은 스포츠 경기에 참석하면 우상을 더 가깝고 현실적으로 느끼게 됩니다. 아이가 우상에게 가능한 한 가까이, 무대 맨 앞줄에 앉는 것을 목표로 할 수도 있습니다. 실수로라도 우상의 몸이 자신에게 닿거나 그가 바로 자기에게 개인적으로 인사하기를 희망하고요. 아마도 우상이 던진 공이나 물건이 우연히 자신에게 날아오기를 바랄 수도 있습니다. 다른 팬들과 함께 무리를 이루면 우상을 사랑하는 자신의 감정이 옳고 가치 있으며 용납된다고 느끼지만, 그 와중에도 아이는 자신의 감정이 다른 사람들의 감정보다 더 크고 진실하다고 상상할 수도 있습니다. 혹은 우상처럼 되거나 더 나은 사람이 되고자 하는 아이의 꿈이 다른 사람들보다 강하다고 생각하고, 나아가 실제로 그 꿈을 이룰 수 있다고 상상할 수도 있습니다.

동경의 대상은 바뀔 수도 있고 오래도록 한 사람을 동경할 수도 있습니다. 예를 들어 우상이 대중에게 인기 있는 사람이고 자신은 수많은 팬들 중 한 명이라는 사실을 깨달을 수 있지만, 그래도 괜찮습니다. 상상 속에서는 자신이 유일하고 선택받은 사람이니까요.

우상의 성별은 중요하지 않습니다. 감탄과 숭배의 감정은 영원히 함께하는 것, 가장 친한 친구가 되거나 일체화하는 것을 포함합니다. 다시 말해 자신이 우상의 좋은 특성을 갖게 되거나, 적어도 이를 제한 없이 즐기게 될 것이라고 믿는 것이죠. 때로는 우상에 대한 동경이 그에 대한 성적 공상으로 발전할 수도 있습니다.

이 동경은 수년, 혹은 수십 년간 계속되기도 합니다. 동경하는 대상이 여러 명일 수도 있고요. 이 단계에서는 안전하게 사랑하고 동경하는 것이 가능하며, 이런 경험은 미래에 닥쳐올 모든 좌절의 상황에서 스스로를 보호하고 쉬게 할 안식처를 제공합니다. 예를 들어 현실 속 관계에서 버림받거나 외로움을 경험한다면, 아이는 위로받기 위해 자신의 '유명한 연인'과 상상의 세계로 떠날 수 있습니다. 우상을 향한 사랑은 어쩌면 평생 계속될 수도 있고, 어떤 사람들에게는 성의 계단 전체에서 가장 중요한 단계가 되기도 합니다. 때로는 강한 맹세와 신뢰의 감정이 동반될 수도 있죠.

따뜻한 감정을
바로 너에게

사랑에 빠지면 애정을 표현하고 싶어 합니다. 아주 어린 아이는 강아지나 고양이 같은 반려동물 혹은 장난감이나 인형에게 따뜻한 감정을 표현할 수 있습니다. 반려동물이나 곰인형

화면 속 연예인이 멋져 보여요

에게 우상의 이름을 붙이기도 합니다. 끓어오르는 감정을 제어하기 위해 오토바이를 닦고, 운동을 열심히 하며, 시를 쓰기도 합니다. 이때 가장 중요한 것은 상상력을 발휘하는 것입니다. 그러면 강력한 신체 자각도 통제 가능한 대체물로 옮겨갈 수 있습니다.

부모는 아이의 감정 세계를 두 가지 방법으로 지지할 수 있습니다. 첫 번째는 아이의 우상을 향한 동경을 지지하는 것입니다. 이때 아이가 동경하는 대상에 관한 자신의 생각을 말해도 되지만, 나서서 우상의 매력을 판단하지는 마세요. 그저 우상의 삶과 언론에 보도된 이야기에 대해 아이와 대화를 나누고, 관심을 가지고 아이가 동경하는 우상의 삶을 지켜보는 것으로 충분합니다. 또한 아이는 스스로가 아주 매력적이라서 우상도 아이를 사랑하게 될 수 있을 것이라는 상상을 하곤 하는데, 이러한 생각을 무시하고 경멸하기보다는 지지하고 용기를 북돋아주세요.

또 다른 방법은 아이가 현실감을 갖도록 돕는 것입니다. 현실에서 배우자가 정말로 유명한 사람이라면 어떤 일이 벌어질지 아이와 이야기를 나눠보세요. 이때 부모와 아이의 관점 모두 옳다는 전제하에 이야기를 나눠야 합니다. 사실 현실적인 부모라면 유명한 우상과 아이가 사랑에 빠지는 일은 일어나지 않을 것이라 생각합니다. 그러나 아이가 품은 위대한 사랑과 연인관계에 대한 꿈이 언제 어떤 방식으로 실현될지는 아무도 모릅니다. 그러니 진지하게 이야기를 해봐야 하죠.

이때 주의를 기울여 현명하게 이야기해야 합니다. 아이가 8살에서 10살 정도로 어리다면 우상에 대한 꿈을 깨뜨리면 안 되는데, 이 나이의 아이에겐 현실보다 자존감 강화가 더 중요하고 필요하기 때문이죠. 그러나 초등학교 고학년이나 중학생이라면 유명인들의 공연을 직접 보러 다닐 수도 있습니다. 어떤 위험이 있는지 반드시 이야기해줘야 합니다. 특히 SNS는 오늘날 아이들의 삶에 아주 이른 시기부터 깊숙이 들어와 있고, 심지어 집 안에 있을 때조차도 많은 위험을 초래하기 때문에 부모의 보호가 예전보다 더 중요해졌습니다. 아이가 부모에게 열린 태도를 유지하면서 외출할 때 어디를 가는지도 쉽게 이야기하도록 해야 합니다. 그러니 가능한 한 언제나, 설령 위험에 관해 이야기할 때도 아이의 자존감과 자아상을 지지해주세요.

자신을 존중하는 아이는 스스로를 보호할 뿐 아니라 다른 사람들에게도 자신을 존중할 것을 요구합니다. 부모가 자녀를 존중하는 동시에 열린 태도로 감정, 발달, 사랑의 단계들에 관해 이야기해주면 자녀도 부모를 본받아 용감하게 열린 태도로 자신의 경험을 부모에게 이야기해줄 것입니다.

나도 이 사람처럼
되고 싶어요

아이는 유명인 중에서 동질감의 대상을 찾기도 합니다. 자신이 동경의 대상처럼 성장할 수 있다고 믿는 것이죠. 훗날 어느 분야에서 최고가 되거나, 멋지고 유명한 어른이 자신을 큰 세상에서 인정해주기를 바라는 꿈을 꿉니다. 이는 부족한 자신이 세상에 혼자 남게 될 것이라는 아이의 두려움을 덜어주고, 용기를 부여합니다. 우상은 상상 속 친구 혹은 이야기가 끝나기를 기다리고 있다가 왕국의 절반을 내어주는 동화 속 영웅을 닮았습니다. 이런 우상처럼 될 수 있다는 상상 속에서 아이는 자립할 용기를 기르고, 자기 자신을 사랑할 수 있게 됩니다. 자신의 삶과 미래의 상상에서 성공을 추구할 수 있고요.

이처럼 아이가 우상을 동경한다고 해서 꼭 그와 한집에 살고 싶다거나 연인이 되고 싶다고 생각하는 건 아닙니다. 음악밴드, 작사가, 운동선수 혹은 특별한 재능이 있는 어른을 동경하기도 하는데 그럴 경우 그 대상은 종종 같은 성별입니다.

우상과 가까워지고 싶은 갈망은 자신도 그런 우상이 되고 싶다는 표현이기도 합니다. 완전히 똑같은 사람이 되는 것은 물론 불가능하겠지만, 그래도 아이는 자기가 동경하는 밴드나 스포츠팀 혹은 사람에 대해 공부하면, 우상과 같은 세계에 살 수 있고 그 세계의 일부가 되리라고 상상할 수 있습니다. 우상의 카리스마와 재능의 일부는 어쩌면 그를 동경하는 아이에게도 전해질 수 있을 것입니다.

아이가 우상의 옷차림과 헤어스타일을 따라 하거나 비슷하게 보이려 하고, 우상의 특징을 따라 하려고 애쓸 수도 있습니다. 아이는 우상과 가까운 사람, 동료나 심지어는 우상보다 더 나은 스타가 되고 싶어 할지도 모릅니다. 아이가 정말로 우상을 따라 함으로써 그와 비슷하게 변하는 데 성공하면 자신의 꿈에 대한 믿음이 강해집니다. 순수한 팬으로서 아이는 동경의 대상에게 편지를 보낼 수 있고 어쩌면 답장이나 사인을 받을 수도 있겠죠. 그런 편지는 액자에 넣어 벽에 걸거나 가장 귀중한 물건들과 함께 보관합니다. 우상의 친구가 되는 상상을 하기도 하고, 우상처럼 나중에 어른이 되었을 때 무엇을 할 수 있을까 하는 상상을 하며 '성공한 사람으로서의 자아상'이 강해지겠죠.

아이가 직접 우상 놀이를 할 수도 있습니다. 성공한 연예

화면 속 연예인이 멋져 보여요

인이나 운동선수 혹은 다른 존재를 연기하며 스스로가 사람들에게 큰 동경과 사랑의 대상이라고 상상하며 동경받는 사람이 되는 것이 어떤 느낌인지 체험해보는 거죠. 어른의 역할을 경험해보는 동시에, 지금 자신이 어떤 사람이며 충분히 괜찮은 사람인지, 그리고 커서 어떤 사람이 되고 싶은지 생각하고 가늠해보려 합니다. 놀이를 하면서 아이는 어른에게 다음과 같은 질문을 할 수도 있습니다.

"있는 그대로의 지금 내 모습이 괜찮나요?"

"언젠가 내가 괜찮은 사람이 될 수 있나요?"

"나한테 재능이 있나요?"

"내가 언젠가 재능을 가질 수 있을까요?"

"누군가가 나를 동경할 수도 있나요?"

아이를 강하게 만드는
꿈과 상상

아이가 위의 질문을 하면 부모는 아이 스스로 좋은 아이임을 믿게끔 해주어야 합니다. 그리고 언젠가 행복하고 만족스러운 삶을 사는 어른이 될 것이라고 격려해주어야 합니다. 이때 아이에게 아주 굉장한 사람이 될 거라고 강조할 필요는 없습니다. 모든 사람에게는 행복과 만족을 추구하기 위해 필요한 재능과 매력, 가능성이 있습니다. 그리고 행복과 만족을 위해서는 보통 아주 평범한 삶으로도 충분합니다. 다시 말해 평범한 사람도 괜찮다는 말이죠.

우상을 동경하는 경험을 통해 특수한 재능이 필요한 취미를 가질 수도 있습니다. 이때 어른이 아이가 가진 상상, 즉 '나는 사랑스럽고 충분히 괜찮은 사람이야!'라는 생각을 지지한다면 아이의 자존감은 강해집니다. 아이가 자신의 재능이 뛰어나서 언젠가는 이 대단하고 멋진 어른들과의 경쟁에서 정말로 성공하거나 세상에서 가장 멋지고 아름다운 동반자를 얻을 것이라고 믿는다면 더 힘든 연습도 견뎌낼 수 있겠죠.

아이가 미래를 설계해나갈 때 꿈과 상상은 매우 중요한 임무를 띠고 있습니다. 이 꿈을 소중히 여기고 때로는 부모가 관여해서 북돋아줄 필요가 있죠. 부모는 아이의 자신감을 세워주고, 앞으로의 삶이 행복할 것이며, 이런 생각들을 하고 놀아도 된다고 알려줘야 합니다.

거리를 둔 우상을 향한 사랑을 안전하게 경험하면 미래의 사랑을 향한 문이 열립니다. 온 마음을 다해 우상을 사랑할 수 있을 때 아이는 자신의 성의 계단에서 방해를 받지 않고

화면 속 연예인이 멋져 보여요

강해집니다. 아이의 상상은 아이가 꿈꾸는 모든 것으로 채워질 수 있습니다. 이 성공한 사랑의 관계는 바로 전 단계에서 아이가 부모의 반려자가 될 수 없다는 것을 알았을 때의 쓰라린 좌절을 바로잡는 경험입니다.

아이는 우상을 사랑하는 행복과 즐거움을 맛보는 시간을 충분히 보낸 다음에야 다음 계단으로 옮겨갑니다. 사랑할 수 있는 용기는 아이의 정체성과 인격의 일부가 됩니다. 아이에게는 자기 자신을 사랑하고 다른 사람을 사랑할 수 있는 능력이 있으며, 아이는 이 감정과 함께 살아가는 방법을 압니다. 이때 자위를 하게 되면 사랑하는 우상과 함께하는 상상에 성적 즐거움이 더해질 수 있습니다.

성의 계단은 뚝뚝 끊어져 있는 게 아니라 이어져 있는 일련의 과정입니다. 더 강하고 용감해진 아이는 이제 자신의 감정을 보다 현실적인, 가까이 있는 같은 나이의 또래들로 향할 엄두를 냅니다. 어른이 되면 우상을 향한 사랑은 향수 섞인 기억을 불러일으키며, 더 이상 팬클럽 회원으로 가입하지는 않더라도 가끔씩 기억하는 것으로 기분이 좋아집니다.

포르노, 아이에게 어떻게 말해야 할까요?

성에 대한 적절하지 않은 정보와 사진은 아이가 보지 못하게 보호하는 것이 우선입니다. 그래도 아이가 포르노 영상이나 사진을 보게 되는 경우가 생깁니다. 그럴 땐 어떻게 해야 할까요?

아이가 포르노를 봤다는 건 또래 집단에서 인터넷에 있는 포르노를 공유하는 상황이라는 뜻입니다. 그러니 "네 나이엔 아직 그런 걸 보는 게 아니야!" 하고 얼버무리거나 혼내는 것은 아이에게 죄책감을 느끼게 할 뿐 아무런 도움이 되지 않습니다.

우선, 아이가 포르노를 봤다고 말하면 무엇을 봤는지 말하도록 합니다. "엄마(아빠)한테 말해줘서 정말 다행이라고 생각해. 뭘 봤는지 말해주지 않을래? 보고 나니 어떤 생각이 들었어?"라고 말입니다.

아이는 포르노를 보고 충격을 받았을 것입니다. 포르노는 성적 환상을 자극하여 강한 감정을 이끌어내기 위한 것으로 아이의 마음에서도 많은 감정을 일깨웁니다. 하지만 아이에게 생긴 감정은 어른의 감정과는 다릅니다. 포르노는 아이를 괴롭히고 아이의 생각과 상상을 방해합니다. 그러니 먼저 "충격을 받았구나."라고 아이의 마음을 짚어주고, 아이가 자신의 언어로 그 감정을 다시 이야기하게 도와주세요. 아이가 아이의 방식으로 이해한 대상과 아이의 관점을 들어보세요.

인터넷에 떠도는 포르노 중에는 정말 이상한 것들이 많습니다. 아이는 영상에 나온 사람들이 신음하는 것을 보고 그들이 위기에 처했다고 생각하고 두려워하거나, 누군가가 폭력을 당하고 아파하고 상처를 입은 것을 보고 구하러 가야 한다고 생각할 수도 있습니다. 아니면 모든 어른들이 영상 속 사람들처럼 행동해야 하고, 자기도 크면 그렇게 해야 한다고 생각할 수도 있죠. 혹은 친구 중 누군가가 "너희 부모님도 저런 걸 해!"라고 말할 수도 있고요. 아이로 하여금 끔찍하다고 느끼고 두려워하고 울음을 터뜨리게 만들 수도 있습니다. 그러니 아이가 포르노에 대해 하는 말을 주의 깊게 들어주세요. 아이의 설명이 장황하고 두서가 없더라도 재촉하지 마세요. 두려운 대상에 관해 이야기하고 나면 아이의 마음이 가벼워질 것입니다.

그렇다면 아이에게 포르노를 어떤 식으로 설명하면 좋을까요? 포르노는 성행위를 연기하는 것으로 진짜 성행위와는 다르다는 것을 알려주어야 합니다. 평범한 성행위는 기분 좋고 자발적입니다. 어른들의 친밀감, 애정과 즐거움의 표현이죠. 또한 두 사람 모두가 확실히 원할 때만 하며, 개인적인 일이므로 그 장면을 비디오나 사진으로 찍는 것을 원하지 않습니다.

아이에게 진짜 성행위와 포르노의 차이를 설명한 후, 누가 포르노를 보여준다면 "아니, 보고 싶지 않아."라고 거절할 수 있다는 사실을 분명히 알려주세요. 포르노를 억지로 봐야 할 이유는 전혀 없습니다.

아이가 자신에게 일어난 일을 말할 수 있었고, 부모의 설명을 들었다면 더는 두려운 상상이 아이를 괴롭히지 않습니다. 아이의 생각과 꿈, 상상 속을 비집고 들어와 떠오르지도 않습니다.

마지막으로, "네가 말해줘서 다행이야"라고 분명하게 말해주세요. 부모에게 말하러 와줘서 고맙다고요. 그러면 아이는 다음에 다른 낯설고 무서운 일이 생겼을 때도 부모에게 편안하게 말할 수 있습니다.

엄마, 나도 사랑을 해요

내 몸은 나의 것

큰 종이에 수영복을 입은 사람을 그리세요. 아이와 함께, 내 허락 없이 만지지 않았으면 하는 부위를 표시해보세요. 아이와 번갈아가면서 표시한 다음, 만지면 안 된다는 말을 어떻게 하면 될지 이야기를 나눠보세요.

아이가 생각하는 '남이 만지지 않았으면 하는 부위'는 어디인가요?

아이가 아직 인지하지 못하는 '남이 만지지 않았으면 하는 부위'는 어디인가요?

이런 말은 쓰지 않기

종이와 펜을 준비한 다음 아이에게 자기가 아는 신체 부위의 모든 나쁜
이름들을 적어보게 하세요. 무엇을 적었는지 부모에게 보여줄 필요는
없습니다. 함께 종이를 찢어 휴지통에 버리세요. 나쁜 단어들은 이제
사라졌으니 그 단어는 더 이상 쓰지 않기로 약속하세요.

**아이에게 이 활동을 하면서 어떤 기분이었는지 물어보세요. 아이가 이야기해
준 다양한 감정을 아래에 적어보세요.**

_____

_____

_____

_____

_____

_____

_____

_____

포르노에 대해 아이에게 어떻게 말해야 할까?

포르노에 관해 자녀에게 해줄 말들을 적어보세요. 거의 모든 아이가 포르노를 접하게 되지만 이에 대해 부모에게 말하기란 쉽지 않습니다. 아이가 포르노에 대해 말할 용기를 낸다면 당신은 훌륭한 부모입니다. 이 과제는 배우자나 동반자, 혹은 친구와 함께 해볼 수 있습니다.

포르노에 대해 아이에게 무슨 말을 해줄 수 있을까요? 아이에게 해주고 싶은 말을 아래에 적어보세요.

_____

_____

_____

_____

_____

_____

_____

_____

이제 아이의 사랑과 동경의 감정은 가까이 있고 친숙한 같은 나이 또래들로 향합니다. 어리면 7살부터 성인이 될 때까지 언제라도 일어날 수 있는 일인데요. 보통은 8~13살에 처음으로 이런 마음이 생기죠. 어른을 향한 사랑의 감정은 믿기 어렵고 조금 우스꽝스럽게 여겨지기까지 합니다. 아이는 현실에 있고 가까워서 닿을 수도 있는 사랑의 대상과, 그를 향한 감정에 적응하는 법을 배웁니다. 사랑하는 또래 친구에게 가까이 가는 것은 말 그대로 전기가 통하는 것처럼 짜릿한 느낌이 듭니다. 동시에 자신이 누군가에게 선택받고 사랑받기를 바라는 마음이 자라납니다.

가까워지는 것은 매혹적이지만 두려운 일이기도 합니다. 가까운 이를 동경하기 시작하면, 아주 새로운 방식의 혼란이 마음속에서 일어나죠. 감정은 모순적이어서 그것을 감추고 싶은 동시에 드러내고 싶기도 합니다. 몸에도 반응을 일으켜서, 예를 들어 얼굴이 붉어지게 됩니다. 이제 자신과 상대의 몸, 그리고 몸을 통해 서로에게 보내는 메시지의 새로운 형태와 방식을 알게 됩니다. 자신의 몸과 감정의 표현을 통제하는 법을 배우게 되는 것도 이 시기입니다.

CHAPTER 6

5단계(8~13살)

비밀스러운

──────────────── 짝사랑

아이에게 언젠가 사랑하는 대상이 생긴다는 사실을 알려주세요. 이때 사랑의 감정을 꼭 표현하지 않아도 된다는 사실 역시 말해주세요. 비밀스러운 혼자만의 사랑은 평생 계속될 수 있지만, 그것을 꼭 이룰 필요도 이루고자 할 필요도 없습니다. 사랑은 누구에게 말하지 않더라도 좋은 것이고 자신과 삶을 충만하게 하니까요.

아이가 자신의 감정에 대해 혼란스러워할 수도 있습니다. 사랑이 어떻게 될지 모르는 불확실함에 불안해하고, 부끄러워하며, 사랑하는 상대 앞에서 얼굴이 붉어지고 말을 더듬곤 하죠. 이런 모든 것들에 대해 이야기를 나눠보세요. 아이는 자신의 몸과 마음에 관해 말할 필요가 있습니다. 이는 아주 자연스럽고 누구나 겪는 일로, 어른들조차도 좋아하는 이성 앞에서 소심해지고 불안해할 수 있다고 알려주세요.

아이가 사춘기라면 몸에 어떤 변화가 일어나는지를 알려주어야 합니다. 키가 자라고 목소리가 변하며 털이 나죠. 여자아이라면 가슴이 커지고 생리가 시작되고, 남자아이라면 몽정을 경험하겠죠. 더불어 그렇게 변하는 자신의 몸을 돌보는 법도 같이 알려주세요. 사소하지만 몸을 씻는 일도 그중 하나입니다. 땀을 흘리면 냄새가 나는데, 비누로 깨끗하게 씻는다면 기분이 좋아질 뿐만 아니라 건강도 지키게 됩니다. 잠을 충분히 자고, 규칙적으로 운동하며, 건강한 식사를 하면 아이가 지치지 않고 활기차게 생활할 수 있습니다.

걔가 좋은데
어떻게 해야 할지 모르겠어요

아이는 스스로 사랑을 꽤 경험해봤다고 생각하고 있습니다. 4단계에서 이미 꿈과 상상의 성을 건설했거든요. 아이는 자신이 세상에서 최고의 동반자에 걸맞은 사람이 되고, 인기 스포츠 선수나 유명인들 무리에서 인정받는 어른이 된 상상을 하며 스스로 충만함을 느꼈습니다.

이제 공상에서 현실로 발을 내디딜 순간이 왔습니다. 어느 순간, 우상이나 다른 사랑받는 어른들에 대한 공상이 더 이상 흥미롭지 않은 시기가 찾아옵니다. 사실 어른이 접근하면 불편하게 느끼기 시작하죠. 이런 예민함을 포함한 마음의 변화는 호르몬 때문인 경우가 많습니다. 이제 아이는 언젠가 실현할 수 있는 현실적인 꿈을 꿉니다. 즉 또래나 가까운 인간관계에서 동반자를 찾습니다. 이 단계에서 현실 속의 연애를 꿈꾸고 시작할 용기를 내죠.

동경이나 사랑의 대상은 가까운 사람 중 아는 사람, 대개 같은 반 친구처럼 동갑이거나 비슷한 나이의 친구입니다. 그런데 동경의 대상이 생겼다고 해서 바로 그에게 자신의 감정을 표현하지는 않습니다. 가장 친한 친구에게도 말하지 않습니다. 자신이 맞닥뜨린 상황과 감정이 너무 어렵고 이상해서 먼저 스스로 안정부터 찾아야 하거든요. 이 시간은 생각보다 깁니다.

아이는 새로운 사랑에 빠진 자기 자신을 탐구하기 시작합니다. 어떤 기분이 드는지, 그것이 정말 자신에게 일어난 일인지 등을 말입니다. 곰곰이 생각하죠. 저 사람이 정말 나를 사랑할 수 있을까? 저 사람과 내가 진짜 연인이 될 수 있을까? 어떻게 해야 저 사람이 나를 사랑하게 만들 수 있을까? 혹은 의식적으로는 아무것도 생각하지 않으면서 다만 무의식 속에서 자신의 감정과 함께하는 방법을 배우려 애쓸 수도 있습니다.

친구를 사귀는 기술, 혹은 어렸을 때 배운 '우정의 규칙'을

엄마, 나도 사랑을 해요

활용해 자신이 좋아하는 사람에게 조금씩 다가가려 노력합니다. 그래도 아이는 아직 변화를 시도할 엄두를 내지 못합니다. 감정은 크지만, 이를 말하거나 보여줄 엄두를 내지 못하죠. 아이는 자신의 감정을 통제하려고 노력하며 누구에게도 말하지 않은 채 혼자만 알려고 합니다. 또한 아이의 관심은 어떻게 해야 그 사람에게 좋은 인상을 줄 수 있을지 여부로 옮겨갑니다. 다른 사람들의 긍정적인 관심을 받고 흥미를 끌고 싶은 욕구가 생깁니다. 그러면서 점점 자신의 외모에 신경을 쓰기 시작하죠.

동경의 감정과 함께 오는 혼란은 아이에게 가장 큰 도전과제 중 하나입니다. 얼마 전까지만 해도 그 사람에게 쉽게 다가갈 수 있었는데 이제 그의 옆에 있으면 손바닥과 이마에 땀이 나고 얼굴이 빨개지니까요. 아마도 부끄러워서 그의 얼굴과 눈을 똑바로 바라보지도 못할 것입니다. 감정을 숨기고 평소의 목소리로 말하기 위해 온 힘을 다해 자기 몸을 통제해야 하는 어려움을 겪죠. 왜냐하면 사랑하는 그 사람에게 가까이 다가가고 싶은 마음이 크지만, 동시에 누구도 자신의 속에서 끓어넘치는 갈망이나 큰 감정을 눈치채지 않기를 바라기 때문이죠.

이제 아이는 사랑할 수 있는 가능성을 열어두고 사람들을 만나게 됩니다. 더 이상 예전과 같을 수 없습니다. 다른 사람들의 눈에 자신이 어떻게 보일지를 생각해야 합니다. 또래들과 함께 있을 때 아이의 머릿속에는 이런 질문들이 맴돕니다. 쟤들 중 누가 나를 좋아할 수 있을까? 내가 좋아하는 쟤는 나를 좋아할까? 동시에 어떻게 이런 새로운 감정들을 표현할지 생각하기 시작합니다. 그리고 누군가 조심스럽게 자신에게 동경을 표현한다면 자신이 어떻게 그 신호를 알아볼 수 있을지 하는 것들도요. 연애와 우정의 규칙들을 배우고 싶은 마음이 커집니다.

누군가 나를
지켜보고 있나?

'만약 누군가가 나를 몰래 좋아하고 있다면?'

이런 생각은 아이에게 불확실함을 느끼게 합니다. 내가 모든 사람을 주의 깊게 보고 있으니 분명 그 사람들도 자신을 주의 깊게 볼 것이라는 생각이 드는 것이죠. 아이는 불편하고 과한 칭찬을 받은 것 같은, 마치 모두의 주목을 받게 된 듯한 감정을 경험할 수도 있습니다. 누군가 자신을 무대에 세우고,

자신에게 선명한 무대조명이 비치고, 자신의 모든 것이 드러나는 것처럼 느껴질 수도 있습니다. 모두가 자신을 유심히 바라보며 자신의 모든 몸짓과 움직임을 감지하지만, 정작 자신은 어둠 속에 가려진 군중에게 무슨 일이 일어나는지 선명히 보지 못하는 것처럼 말이죠.

아이는 단순히 좋아하는 사람에게 잘 보이고 싶은 마음을 넘어 불특정 다수가 자신에 대해 어떻게 생각하고 말하는지 고심하며 자신의 외모와 행동에 관심을 기울이기 시작합니다. 그로 인해 자기통제가 심해질 수도 있고, 반대로 계속 연기를 하거나 농담 같은 것으로 사람들의 주의를 끌려고 할 수도 있습니다.

이 시기의 아이는 감정을 경험하는 일에 집중하지만 그 감정을 표현하려 들지는 않습니다. 부모조차도 새로이 가까운 무리에 속하게 된 아이의 사랑의 대상에 대해 전혀 알 수가 없습니다. 한편 이 비밀스러운 사랑의 대상으로 선택된 사람은 자신이 아이에게 선택되었다는 사실을 전혀 알지 못할 가능성이 큽니다. 그래도 사랑의 대상에 대한 아이의 기대감은 아주 높을 수 있죠.

자아상이
만들어지는 시기

자기 자신과 주위 환경이 완전히 새롭게 보인다면 기분이 어떨까요? 자신과 실제 연애가 가능한 상대를 본다면? 내가 정말 누군가의 '사랑의 대상'이라면? 이런 생각은 아주 멋지지만 동시에 당황스럽기도 합니다. 이제 더 이상 그저 놀고 꿈꾸는 어린아이가 아니라는 뜻이거든요.

어떤 만남이나 놀이는 의도적으로 가까워지려는 시도가 될 수 있습니다. 아이가 자신이 지금 여기에서 정말 누군가의 연인이 될 수 있음을 안다면, 모든 또래 아이들도 같은 생각을 한다는 뜻입니다. 그렇다면 주위는 온통 말 그대로 동반자 후보들로 넘쳐나겠죠. 신나게 뛰어놀던 놀이터에서도 자신이 사랑하는 상대를 선택할 수 있음을 알게 된다면 세계관 전체가 바뀝니다. 정말 또래와 동등한 사랑의 대상이 될 수 있습니다. 그렇다면 또래와 함께하는 놀이는 이제부터 새로운 의미를 지닙니다. 자신의 정체성과 세계관에 '연애'라는 새로운 영역이 점점 가깝게 다가옵니다.

동성을 사랑하게 될 수도, 이성을 사랑하게 될 수도 있습니다. 그것이 아이의 미래의 성 정체성을 반영하는 것일 수

엄마, 나도 사랑을 해요

도 있지만, 그렇지 않을 수도 있습니다. 이 연령대에서는 대개 여자아이는 여자아이를, 남자아이는 남자아이를 좋아합니다. 왜냐하면 이 단계에서 동성은 이성보다 안전하게 느껴지기 때문이죠. 특히 어릴수록 그러한 경향이 큽니다. 그러니 확실하게 알아야 할 것은 이 비밀스러운 동경의 단계에서 보여주는 방향성이 아이의 성 정체성을 확정 짓는 것은 아니라는 사실입니다. 이 시기 아이가 동성을 좋아한다고 해서 반드시 동성애자 혹은 양성애자임을 뜻하는 것은 아닙니다. 사랑에 빠지는 감정 전체는 아직 실제의 성적 감정과 느낌으로부터 꽤나 거리가 있습니다.

아이가 자라면서 자신의 성별과 가치, 목표, 인종 및 종교적 정체성이 어느 순간 생각할 거리로 떠오릅니다. 성 정체성 역시 앞서 언급한 요소들과 같이 '과연 나는 누구인가'에 대한 숙고할 대상 중 하나입니다. 이 시기의 아이들은 흔히 여러 가지 다른 정체성과 가치를 경험하는데 이는 자아상에 영향을 끼치기 쉽습니다. 자아상은 아직 확고하지 않고 파편적이며, 상황에 따라 바뀌기도 하죠.

난 이런 사람이고
이런 사랑을 하고 싶어

나이가 들면서 성 정체성은 조금씩 특징지어지기 시작합니다. 이 시기에는 사회의 태도가 중요합니다. 아이가 관용적인 환경에 놓여 있다면 아주 다행입니다. 이러한 환경에서는 모든 사람을 가치 있게 여기며, 서로가 서로의 감정과 경험을 귀중하게 다루고 수용합니다. 아이가 어떤 성 정체성을 갖고 있든 있는 그대로 받아들여지고 성장할 수 있도록 지지합니다. 가정에서도 학교에서도 아이를 있는 그대로 받아주는 관용적인 환경을 만들어주는 것이 중요합니다. 아이를 균형 잡힌 사람으로 키우고 싶다면 아이가 어떤 사람을 사랑하든 지지해주세요. 그리고 아이는 그렇게 지지받을 권리가 있습니다.

이 단계에서 아이는 자신의 사랑하는 감정 때문에 외로움을 느낍니다. 아이는 자신의 사랑을 비밀로 하려 하는데, 이는 현실에서 아직 자신이 충분히 괜찮다고 믿지 않기 때문입니다. 사랑이라는 감정을 느끼는 것만으로도 이미 큰일이어서 누구에게도 말할 수 없죠. 그러니 부모는 아이에게 모든 사람들에게는 비밀스러운 사랑의 대상이 있기 마련이라고 솔직히 말할 필요가 있습니다. 예를 들어 부모가 어릴 때 같은 반 친구를 사랑했던 것을 따뜻하게 회상할 수도 있죠. 이런 이야기를 들으며 아이는 자신의 동경이 가치 있고 용납되는 감정임을 이해하게 됩니다.

또한 아이에게 사람들이 연애 상대를 찾는 보편적 방법을 말해주고, 모든 사람에겐 타인을 끄는 매력이 있다고 말해주세요. 그러면 아이는 비록 자기 감정을 털어놓지는 않더라도 평온을 되찾고 자신을 아주 평범하다고 여기게 됩니다.

조만간 아이는 특별한 우정 혹은 연애관계를 원하게 될 것이므로 호감을 얻는 법, 다른 사람의 주의를 끄는 법, 친구관계를 만들고 돌보는 법 같은 인간관계의 기술들을 알려줄 필요가 있습니다.

연애와 우정의 차이를 설명해주는 것도 좋습니다. 연애는 오직 이 사람과 특별한 관계를 가지겠다는 양쪽의 맹세를 포함합니다. 이 맹세는 신뢰감과 안전에 대한 것입니다. 이런 지식과 기술들은 미래의 연애관계를 위한 좋은 양식입니다.

짝사랑이 연애로 이어지는 일은 드뭅니다. 짝사랑의 대상이 아이의 감정에 대해 아무것도 모르기 때문입니다. 나중에 아이가 자신이 사랑에 빠진 것을 친구에게 말할 때는 이미 그 대상이 여러 번 바뀌었을 수도 있습니다. 한편으로는 짝사랑의 대상이 몇 년간 같은 사람일 수도 있고, 어른이 되었을 때

비밀스러운 짝사랑

연애관계를 가질 준비가 되어 있거나 이미 연애를 하고 있는데 새롭게 그런 감정을 느낄 수도 있습니다. 중요한 것은 자기 자신과 자신의 감정을 강하게 확신함으로써, 언젠가 이를 다른 사람에게도 말할 수 있도록 용기를 내는 것입니다. 동경의 감정을 더 공개적으로 말하는 다음 단계로 옮겨갈 준비를 하기 전에, 먼저 자신의 감정을 다스리는 방법과 감정이 몸과 마음에 미치는 큰 영향을 배워야 합니다.

엄마, 나도 사랑을 해요

엄마 아빠의 짝사랑

아이에게 부모가 어린 시절 누구를 짝사랑했고, 그 친구의 감정은 어땠
으며, 결국 어떻게 됐는지 이야기해주세요.

이 이야기를 듣는 아이의 반응은 어땠나요?

이 이야기를 아이에게 들려주는 나 자신의 감정은 어땠나요?

칭찬 편지 쓰기

아이에게 편지지를 주고 자신을 칭찬하는 편지를 쓰게 하세요. 가장 친한 친구가 나를 칭찬한다고 생각하고 칭찬하는 말들을 적어보는 거예요. 이 활동을 통해 다른 사람이 나의 어떤 점을 좋아하는지 생각해볼 수 있어요.

아이가 칭찬 편지를 쓰는 동안 부모도 아래에 아이를 칭찬하는 편지를 써보세요.

부모와 아이의 칭찬 편지를 비교해보세요. 아이와 부모가 생각해낸 장점은 얼마나 일치하나요? 누가 더 많은 장점을 썼나요?

이 단계의 어린이 혹은 청소년은 자신의 감정을 신뢰하는 가까운 친구들이나 가족 구성원들에게 말할 용기를 냅니다. 아이가 그렇게 중요하고 민감한 사항을 이야기할 용기를 낼 때는 어떤 마음일까요? 지지를 얻기를 바라고 있겠죠. 자신이 사랑을 받고 연애할 가치가 있는 사람임을 확인받고 싶어 합니다. 그러므로 아이의 고백은 존중받을 필요가 있습니다.

이 시기에 걸맞은 우정의 기술과 규칙을 배워야 합니다. 자신의 민감한 감정을 어떻게 이야기해야 하는지, 혹은 과연 그것을 말해도 되는지, 지금이 사랑에 빠지기에 적절한 나이인지를 학습합니다. 아이는 이 사람이 과연 내가 좋아할 만한 가치가 있는 사람인지 여부를 자기가 믿는 가까운 사람들이 평가해주길 바랍니다. 만약 부모와 주위 사람들이 자신의 지향점과 믿음을 확고하게 해준다면 아이는 용기를 얻고 자존감도 높아집니다.

CHAPTER 7

6단계(9~14살)

나, 사실

──────────── 그 애를 좋아해

아이가 사랑하는 사람을 찾았다고 말하면 그 메시지를 소중히 여겨야 합니다. 그리고 아이에게 누군가를 좋아하거나 사랑에 빠지는 것이 얼마나 좋은 느낌을 주는지, 그것이 얼마나 중요하고 멋진 감정인지를 이야기해주세요. 호감, 동경, 사랑을 표현할 때 사용할 수 있는 말들을 알려주세요.

아이의 동경의 대상에 대해 이야기를 나눠보세요. 내가 좋아하는 그 사람이 정말 좋은 사람이고 안전한 사람인지, 이를 어떻게 판단할 수 있는지 이야기해보세요. 더불어 어떤 사람에게 내 감정을 마음 놓고 이야기할 수 있는지 알려주세요.

아이의 비밀을 존중해주세요. 친구에게 혹은 SNS에 아이가 품은 사랑의 감정이나 대상 등을 말하지 마세요. 아이의 감정을 신뢰하고 프라이버시를 존중해야 합니다.

좋아한다고
말할 용기

앞선 단계에서 큰 감정의 끓어오름을 경험하면서 아이는 점차 자신의 감정을 말할 용기를 냅니다. 다른 사람들이 자신의 감정과 연애하고 싶어 하는 마음을 어떻게 생각하는지 알고 싶기 때문이죠. 이때 믿을 만한 친구들과 가족의 말은 아이에게 중요한 의미이며 큰 영향을 끼칩니다. 또한 동경의 감정을 이야기할 용기를 내는 그 자체가 하나의 큰 발걸음이기도 하죠. 아이는 친구 외에 부모에게도 자신의 감정에 대해 말하거나, 부모에게만 말할 수도 있습니다.

지금 아이는 주변 사람을 좋아하지만, 그 마음을 당사자가

나, 사실 그 애를 좋아해

아닌 자신의 주변인들에게만 이야기할 수 있는 상태입니다. 그래도 용기를 내어 믿을 수 있는 사람에게 사랑하는 감정을 이야기할 수 있는 단계에 도달했습니다. 우정의 규칙은 아주 어릴 때부터 연습해왔기 때문에 이제 친구는 내면의 민감한 감정 세계까지 평가해주는 아주 가까운 존재가 되었습니다. 이렇게 큰일은 예전엔 누구에게도 말한 적이 없습니다.

4단계에서는 우상을 동경했었죠. 그때는 자신의 감정을 친구들과 공유하기도 했고, 별 문제 없이 우상을 다른 대상으로 바꾸기도 했습니다. 이제 '사랑'은 더 개인적인 선택이 되었습니다. 아이는 친구가 자신의 감정을 지지해주길 바라며 이를 필요로 합니다. 자신이 좋아하는 그 사람이, 친구가 생각하기에도 좋아하고 동경할 가치가 있다고 이야기해주길 바랍니다. 왜냐하면 아이는 땅이 흔들리는 것 같은 감정의 동요를 경험하고 자신에게 이렇게 질문해보게 되거든요.

"내가 사랑에 빠진 것이 옳고 좋은 일일까?"

"내가 이런 감정을 느껴도 될까?"

동시에 실제 연애를 꿈꾸기 시작합니다. 연애는 예전의 생활반경을 벗어나는 것, 그리고 가족이 아닌 사람이 가장 가까운 사람이 될 수 있다는 것을 의미합니다. 엄청난 변화이죠.

아이는 자신이 누군가를 동경하고 좋아한다는 것을 인정

하지만 그 대상이 정말 동경할 만하고 인정할 만한지 아니면 선택이 잘못되었는지 계속 생각합니다. 이 문제를 해결하기 위해 친구가 필요한 것이죠. 친구와 함께 아이는 누가 안전하고 인정할 만한 사랑의 대상인지 평가합니다. 친구가 그 대상이 너무 나이가 많고, 위험하며, 신뢰하기 어렵다거나 하는 이유로 알맞지 않다고 한다면 아이는 상처를 입습니다. 하지만 동시에 친구의 말이 옳은지를 생각합니다. 만약 자신의 판단보다 친구들이나 부모의 판단을 더 신뢰한다면 동경은 그것으로 끝나고, 다른 동경의 대상을 찾을 것입니다. 즉 아이는 좋아하는 사람에게 자신의 감정을 말하기에 앞서 믿을 만한 사람들과 함께 그 대상이 안전한지 판단합니다. 비록 아이가 조언자들의 의견을 반드시 수용하지는 않더라도, 그들이 자신이 좋아하는 사람을 반대한다면 아이는 자신의 경험이 부족하다는 것을 알고 새로운 대상을 찾습니다.

아이가 자신의 좋아하는 감정에 대해 말했을 때 부모가 취할 수 있는 <u>최선의 태도는 무엇일까요? 바로 아이의 선택을 존중하면서 감정을 표현할 수 있게 용기를 주는 것입니다.</u> 이것이 최선입니다. 사랑에 빠졌다고 말하려면 용기가 필요하고, 아이가 용기를 낸 것은 기쁜 소식입니다. 사랑은 자존감을 강하게 해주는 멋진 일입니다. 또한 아이가 부모에게 그런 이야기를 한다면, 이는 부모를 존경한다는 의미입니다. 아이가 그런 감정들을 판단할 수 있는 몇 안 되는 사람들 중 하나로 부모를 선택했고 신뢰한다는 것입니다. 이렇게 해서 부모는 아이의 비밀스러운 기쁨을 나눌 수 있게 됩니다. 아이의 입장에서는 자신의 선택과 감정들, 자신도 언젠가는 다른 사람의 연인이 될 수 있다는 꿈을 부모에게 인정받은 것입니다.

내 머릿속 상상과
눈앞의 현실

이 새로운 단계에 도달하게 되면 아이의 앞에는 새로운 세계가 펼쳐집니다. 그 세계를 지금과는 다른 방식으로 바라볼 용기를 키워야 합니다. 지금껏 밟아온 단계는 어리석었고 지금의 단계에서 느끼는 감정이 더 사실에 가까우며, 그 사실을 더 일찍 깨달았어야 했다는 감정이 들 때도 있습니다. 이런 감정은 새로운 단계에 도달했을 때 언제나 찾아올 수 있습니다. 아이는 이전에 느낀 동경의 감정을 창피해하면서 이제는 자신이 크고 용감하다거나 실제보다 더 용감하다고 강조하기도 합니다. 아이가 사람들은 어른같이 행동하는 사람을 좋아하며, 유년기는 전혀 멋지지 않다고 생각한다면 이런 일이 벌어질 수 있습니다.

어떤 아이들은 경험 부족, 민감함, 순수함을 드러내기를 두려워합니다. 그래서 그들은 실제보다 경험이 많은 것처럼 행동합니다. 상상 속 연애를 진짜처럼 말하며 자신의 용감함을 강조하려 할 수도 있습니다. 속임수가 통하는지, 친구들이 자신의 거짓말을 믿는지, 그리고 거짓임이 밝혀지면 친구들이 어떻게 반응하는지 등 여러 방법으로 우정을 시험합니다. 친구들이 자신의 이야기를 믿는다면 언젠가는 그것이 사실이 될 수 있다는 것을 의미합니다. 친구들의 지지와 참여는 아이의 자신감을 더욱 강화해줍니다. 그러나 이런 과장된 이야기는 보통 부모에게는 말하지 않죠.

용기 있게
감정을 말해요

아이가 자신의 감정을 말할 때 아이는 용감함을 드러냅니다. 하지만 동시에 상처를 입기도 쉽습니다. 아이는 과연 누구에게 자신의 민감하고 상처 입기 쉬운 감정에 대해 이야기할 수 있을지 생각하게 됩니다. 그것이 유치하고, 웃음거리가 될 위험이 있음을 깨닫거나 경험하게 된다면 아이는 침묵합니다. 한편으로는 아이가 우연히 선택한 사람에게 자신의 사랑에 대해 말했다가 상처를 입을 수도 있다는 것을 어렵게 깨우칠 수도 있습니다. 친구 무리 전부가 자신의 마음을 비웃거나 소문을 퍼뜨린다면 자존감은 위기를 겪게 될 수도 있습니다. 동경의 대상은 절대, 아무것도 알면 안 되는데 말이죠.

이 단계에서 부모나 친구들의 지지를 받으면 사랑의 대상에게 감정을 직접 말하는 7단계로 나아가는 것이 쉬워집니다. 부모나 친구가 자신의 감정을 무시하고 비웃거나, 동경이 멍청한 짓이라고 하거나, 동경의 대상이 나쁘다고 표현한다면, 아이는 슬퍼하고 크게 상처를 입거나 열등감을 경험합니다. 그러면 동경의 감정이 증오와 좌절로 바뀌기도 합니다.

이 단계에서 중요한 것은 아이가 자신의 감정을 계속 신뢰할 용기를 낼 수 있게 지지를 받는 것입니다. 그러면 혼란과 불확실함은 더 용감한 걸음들을 내딛으며 물리칠 수 있고, 그 다음에는 더 현실적인 연인관계로 바뀔 수 있습니다. 어떻게 감정을 표현하는 것이 '옳은지'는 아이의 연령과 관련이 깊고, 종종 성별 혹은 지역문화와도 깊게 연관되어 있습니다. 아이가 입을 열어 말하기 전에 이해해야 하는 부분입니다. 아이는 옳은 단어를 고르기 위해 노력합니다. 아이는 지나치게 자신감에 차 있거나 너무 확신이 없는 것처럼 말하고 싶지 않습니다. 가장 중요한 것은 친구들의 지지와 격려를 얻고 불확실한 길에서 즐거운 연애의 길로 가는 것입니다.

가끔은 친구들의 지지가 매우 열성적이어서 무리 중 하나가 손가락으로 동경의 대상을 가리키면 모두 기쁨에 차서 인정하듯 고개를 끄덕이며 말합니다.

"그래, 멋진 애야. 그래, 그 애를 사랑하는 사람은 많지. 정말 사랑스러워!"

내가 원하는 사랑을
말해도 돼

이 단계를 지나는 자녀의 부모는 아이와 많은 이야기를 하는 것이 좋습니다. 좋아하는 감정에 대해 말할 때 남자아이들 무리와 여자아이들 무리가 어떻게 다른지, 동경의 대상의 성별에 따라 친구들의 태도가 어떻게 달라지는지 등. 진정한 우정은 친구와 친구의 감정이 자신과 달라도 그대로 인정해주는 것입니다. 사랑은 성별과 상관없이 좋은 것이고 허용되어야 한다는 말을 듣게 되면, 아이는 여러 가지 감정들에 관해 말하고, 자신 또한 모든 친구들을 지지할 용기를 냅니다.

아이에게 다른 사람들의 외모, 몸, 감정 등에 관해 어떻게 말해야 하는지를 알려주세요. 부모가 서로에게 혹은 서로에 관해, 여성과 남성에 관해 어떻게 말하는지 모범을 보이는 것이 중요합니다. 부부 사이에 오가는 감정 표현과 서로에 대한 사랑이 깊을수록 아이는 자신의 감정을 표현하고 인간관계를 돌볼 수단과 어휘들을 더 많이 갖게 됩니다.

분별력이 좋은 아이는 자신의 감정을 말할 사람으로 가장 친하면서도 현명한 친구나 부모를 선택합니다. 아이는 고백을 하고 대답을 기다립니다. 친구가 긍정적인 반응을 보이면 동경의 마음은 좋고 가치 있는 일이며, 내가 좋아하는 대상 역시 좋다고 판단할 수 있습니다. 이렇게 해서 친구들과 부모는 언젠가 누군가의 진짜 연애 상대가 되고 싶다는 아이의 소망을 지지하게 됩니다.

이 과정을 거치며 우정을 새로운 관점에서 바라볼 수 있는 안목도 기릅니다. 사랑에 빠진 친구를 지지하지 않는 사람이 진짜 친구일까요? 우정은 무엇보다 서로를 지지하고 상대의 생각과 관점을 존중하는 것입니다. 우정은 또한 감정을 나누는 것입니다. 기쁨은 나누면 배가 되고 슬픔은 나누면 반이 되죠. 아이는 우정의 바깥에서 경험한 커다란 감정, 즉 사랑에 관해 친구들과 이야기함으로써 우정을 시험하게 됩니다. 그럼으로써 아이가 알고 있는 우정의 의미가 새로워지고 커집니다. 아이는 옳은 상대, 옳은 순간과 옳은 말들을 선택해야 합니다. 그러면서 우정 안에서 이해심과 신뢰, 지지를 배우고 기대합니다.

그 아이에 대해 친구들에게 어떻게 말해야 할까?

좋아하는 사람이 자리에 없을 때, 다른 사람들에게 그 사람에 대해 어떻게 말할 것인지 함께 이야기를 나눠보세요.

아이가 한 말을 아래에 적어보세요. 아이는 다른 사람들에게 자신이 좋아하는 사람에 대해 어떻게 말하는 게 적절한지 알고 있나요?

내 아이가 동성애자라면

아이가 동성을 좋아하게 되었다고 말한다면 부모로서 어떻게 반응해야
할까요?

부모로서 내가 보일 반응과 아이에게 해줄 말을 아래에 적어보세요.

아이(이제 어엿한 청소년이죠)는 큰 동경이나 사랑의 감정을 상대에게 직접 말할 용기를 냅니다. 사랑하는 사람이 자신의 감정을 알게 되는 두려운 상황을 마주할 준비가 되어 있습니다. 그리고 상대가 자신을 받아들일지 혹은 거절할지 여부를 선택하는 것도 견딜 수 있고요. 앞선 단계에서 용기를 내어 자신의 감정에 대해 부모나 친구들과 이야기를 나눈 덕분입니다.

아이는 사랑하는 사람에게 사랑의 감정을 말하고, 연애를 시도하는 적절한 방법을 배웁니다. 또한 사춘기를 맞이하여 몸에 큰 변화가 일어납니다. 아이는 이처럼 큰 변화에 직면해 있습니다. 용기를 내지만 동시에 혼란스럽습니다.

CHAPTER 8

7단계(10~15살)

널 좋아해,
—————————— 사랑의 고백

아이는 아직 경험이 많이 부족합니다. 그 어느 때보다 부모의 적극적인 지지가 필요합니다. 아이에게 '너 자체로 아름답고 상대에게 사랑의 메시지를 전할 자격이 충분하다'고 말해주세요.

아이와 사랑의 메시지를 보낼 방법을 생각해볼 수도 있습니다. 사랑하는 사람에게는 언제나 공손하고 다정해야 한다고 알려주세요. 또한 상대로부터 거절하는 대답을 들었을 때 어떤 느낌일지, 좌절을 어떻게 극복할지에 대해서도 미리 이야기해보세요.

아이가 상대로부터 사랑의 메시지를 받는 상황에 대해서도 알려주세요. 사랑의 메시지는 선물과도 같아요. 따라서 상대에게 사랑을 느끼지 않는다고 해도 메시지에 고마운 마음으로 답할 필요가 있습니다.

아이와 SNS에 대해 이야기를 나눠보세요. SNS를 하지 않을 수 없다면, 올바르게 사용하는 법을 알아야 합니다. 인터넷에 있는 모든 정보가 사실은 아니니까요.

내 마음을
어떻게 전해야 할까?

아이는 친구들의 조언을 듣고 누가 좋은 사람이고 누가 나쁜 사람인지 판단하는 능력을 키웁니다. 그 과정에서 사랑의 대상이 바뀔 수도 있습니다. 이렇게 사람을 고르는 눈을 기르며, 자신의 메시지와 감정을 사랑의 대상에게 직접 전하고 싶은 욕구와 용기가 자라납니다. 어떻게 해야 메시지를 잘 전하면서도 상대가 놀라거나 거부감이 들지 않을지 여러 가지 방법을 생각하곤 합니다.

누군가에게 크게 반하지 않았더라도 시험 삼아 사랑의 메시지를 보내기도 합니다. 그건 조금은 놀이하는 기분으로, 내가 누군가에게 사랑한다고 고백하면 무슨 일이 일어날지 궁금한 거죠. 이와 같은 연습도 아이를 강하고 용감하게 만듭니다. 설사 상대에게 긍정적인 대답을 얻더라도 연애를 시작하지 않을 수 있습니다. 아직 아이는 연애를 시작할 수 있도록 감정을 표현하고 경험하는 법을 배우는 과정에 있거든요. 연애란 과연 무엇인지, 그리고 자신이 정말 연애를 원하는지 생각합니다. 또한 자신의 독립적인 삶과 연애관계, 성공과 가족에 대해서도 상상하고요.

꽤 많은 어른이 처음 누군가에게 반해 자신의 감정을 이야기하겠다고 결심했을 때 얼마나 설렜는지를 기억합니다. 어떻게 자신의 마음을 최선의 방법으로 가장 확실하게 전할지, 자신의 첫사랑에게 메시지를 보낼 생각만으로도 설렜죠. 부모 세대는 쪽지를 보내거나 친구에게 대신 말해달라고 부탁했습니다. 오늘날 청소년들은 사랑 고백에 종종 SNS 메시지를 사용하지만, 부모 세대가 썼던 전통적인 방법도 아직 사용하며 상황에 따라 새로운 방법을 더하고 있습니다. 상상할 수 있는 모든 방법이 허용되는 거죠.

사랑 고백 뒤편에 있는 감정이 세상을 뒤흔들 만한 강력하고 영원한 감정이든 사소한 동경이든 고백의 형태는 적절해야 합니다. 시대와 문화, 그리고 상대에게 맞는 방법을 선택해야 합니다.

사랑의 메시지는 역사적으로 셀 수 없이 많은 형태를 지녀 왔습니다. 중세에는 귀부인이 '실수'로 자신이 동경하는 기사의 발치에 손수건을 떨어뜨리곤 했습니다. 그러면 기사는 자신도 귀부인을 동경한다는 의미로 손수건을 집어 그녀에게 건넸습니다. 음유시인에게 사랑의 메시지를 노래하도록 부탁하는 것이 가장 적절하던 시대도 있었습니다. 특별한 말재주를 가진 대변인이 청혼자의 장점을 설명해주던 시대도 있었습니다. 시와 아름다운 경구로 사랑을 고백하기도 했습니다. 노래가 만들어지기 시작한 때부터 사랑 노래는 메시지로 쓰여 왔으며, 지금도 여전히 많은 이들이 사랑 노래에 의존하고 있죠. 어느 작은 마을에는 자기가 동경하는 사람이 방문했을 때 붉은옷을 입어 사랑을 표현하는 전통이 있습니다.

사랑 고백은 일상의 풍경 속에도 있습니다. 건물의 벽과 길바닥의 그래피티, 나무와 학교 책상과 바위와 버스 정류장에 새겨진 글들, 공기 중에 퍼지는 담배 연기나 거울에 새겨진 립스틱 자국 등입니다. 구관이 명관이라고, 연애편지는 수백 년 동안 그 전통을 간직해왔습니다. 편지의 로맨틱함은 직접 손으로 쓴 필체에, 자신의 입술로 새긴 입맞춤 자국에 새겨져 있습니다. 그 편지를 받은 사람은 만지고, 입 맞추고, 가슴에 품고, 친구들에게 보여주거나 일기장에 간직했습니다. 편지는 아무리 간결하더라도 구체적이며 손에 닿을 수 있고 진실합니다. 특별히 로맨틱함과 전통을 강조하고 싶다면 편지를 초콜릿과 장미꽃과 함께 들고 사랑하는 사람의 현관문 앞으로 갑니다. 밸런타인데이에 건네는 붉은 장미는 이미 많은 것을 말하고 있습니다.

애정의 메시지는 말없이도 전할 수 있습니다. 붉어진 볼과 따뜻한 눈빛을 보면 상대의 감정을 특별한 말이 없이도 알아챌 수 있죠.

한편으로는 이런 비언어적 신호도 학습이 가능합니다. 자신의 감정을 의도적으로(혹은 의도치 않게) 신체언어, 즉 표정과 몸짓으로 전달할 수 있습니다. 보통 사랑하는 사람에게로 몸을 기울이거나, 지나치면서 몸이 닿거나, 사랑하는 사람 쪽으로 다리를 꼬는 것은 평범한 신호입니다. 악수를 하거나 옆에 있을 때 몇 분 동안 손을 만지는 것은 이미 강력한 신호죠. 상대는 이를 말없이 밀어내거나 받아들이는 것으로 응답하겠죠.

눈은 영혼의 거울입니다. 눈을 똑바로 바라보는 것은 짧은 시간일지라도 강력한 힘을 가지며, 장난스러운 윙크나 의미심장한 강렬하고 갈망하는 듯한 시선은 효과를 더합니다. 입술을 오므려 사랑하는 사람 쪽으로 입맞춤을 보내는 것은 이미 완전히 확실한 메시지입니다. 이런 것들은 청소년들이 함께, 혹은 집에서 스스로 거울을 보며 연습하는 것들입니다. 한편으로는 자신의 감정이 스스로에게 큰 혼란을 일으켜서 전혀 구애를 할 엄두를 내지 못할 수도 있습니다. 이 경우에는 메시지를 전하는 것만으로도 충분합니다. 그 후엔 짐작하건대 아마도 무슨 일이 생길지 기다리기만 할 것입니다.

그러니까 아이에게 선택의 여지는 있습니다. 아이는 종종 사랑의 메시지를 보낼 방법을 먼저 친구들과 고민합니다. 서로의 경험을 교환하고 상대에게 전할 선택 가능한 단어들을 생각해냅니다. 영화나 책에서 예시를 찾기도 합니다. 부모에게는 그들이 예전에 어떻게 했는지 그 경험을 듣고 싶어 하겠죠.

마침내 아이는 계획대로 행동하기로 마음먹습니다. 용기가 자라나고 사랑이 그를 움직입니다. 아이는 이제 중요한 발걸음을 내딛습니다.

불안하지만
용감한 발걸음

예전과 달리 메시지를 전달할 수 있는 새로운 수단이 많이 생겼지만, 감정과 경험은 그대로입니다. 자신의 감정을 말하는 것은 여전히 특별한 경험이며, 감정적 성숙과 용기가 필요합니다. 먼저 상대를 향해 손을 흔들고, 어쩌면 구체적인 메시지를 전하기 전에 몇 번은 잠깐씩 눈을 똑바로 바라볼 것입니다. 행동하려면 큰 용기가 필요합니다.

어떠한 방식으로든 자신의 감정을 표현할 용기를 냈다면, 자신의 감정에 상대가 대답하지 않거나 유쾌하지 않은 방식으로 대답하더라도 받아들일 수 있습니다. 이 계단에 도달한 청소년은 이미 사랑의 응답을 받지 못하는 역경과 좌절을 어느 정도 헤쳐나갈 수 있는 능력을 갖추었습니다. 사랑을 고백하기 전부터 아이는 마음속에서 동경의 대상이 자신의 감정에 어떻게 답할지 여러 가능성을 검토해봅니다. 성적 자아상도 발달해 있어서 자신이 다른 사람에게 충분히 괜찮은지 조금씩 시험해볼 수 있습니다.

아이는 동경의 대상이 자신의 감정을 알아주기를 바랍니다. 그는 스스로 자신의 미래를 위해 무엇인가를 했다는 것을 깨닫습니다. 또한 자신이 진짜 사랑하는 관계를 추구할 용기가 있고 감당할 수 있다고 생각합니다. 이 단계에서는 자신의 용기와 직접 행한 사랑의 표현 자체가, 긍정적인 응답을 얻는 것보다 훨씬 중요합니다. 물론 상대의 긍정적인 응답을 얻는다면 더욱 행복하겠죠.

자신의 감정을 말하고 나면 상대가 어떻게 반응할지에 대한 애타는 기다림이 뒤따릅니다. 편지나 문자 메시지를 보냈다면 반응을 직접 볼 수가 없고 다만 무엇이 뒤따를지 기다려야 합니다. 얼굴을 마주하고 꽃이나 선물을 주며 감정을 말하는 모험을 했다면, 그는 즉시 상대의 표정을 보고 반응을 읽을 수 있습니다. 표정과 비언어적인 메시지를 보내고 읽는 것이 어려운 사람들도 있지만, 앞서 말했듯이 연습을 통해 해석하는 법을 배울 수 있죠.

대답을 오랫동안 기다려야 할 수도 있습니다. 얼마나 빨리 대답하는가는 상대의 감정을 어느 정도 말해줍니다. 사랑의 메시지를 받게 되면 많은 사람은 우선 당황하고 잠시 대답을 미룹니다. 이렇게 해서 메시지를 보낸 사람을 애타고 불안하게 만듭니다. 한편 상대가 즉시 명확하게 "그래!" 혹은 "미안해."라고 답한다면 그것은 상대의 감정이 그만큼 강하다는 것을 보여줍니다.

가끔은 아무 대답도 듣지 못할 수도 있습니다. 그러면 거절당한 것이므로 사랑을 포기해야 합니다. 이 결정은 스스로 내려야 합니다. 새로운 사랑의 대상을 찾을 수 있도록 스스로에게 다시 기회를 주는 것이 가장 좋습니다. 이런 역경, 즉 거절을 이겨내는 과정은 아이에게는 큰 도전입니다. 아이가 거절의 대답을 듣고도 이겨내려면 정체성, 자존감과 자아상이 충분히 강하고 안정적이어야 합니다.

누군가에게
동경의 대상이 된다는 것

반면에 아이가 사랑의 대상이 되거나 동경의 메시지를 받았을 때 어떻게 대답할지도 배울 필요가 있습니다. 누군가가 자신을 사랑한다고 말한다면 어떻게 대답해야 할까요? 어떤 느낌이 들까요? 어떻게 받아들여야 할까요? 어쩌면 처음에는 당황스러울 수도 있습니다. 메시지를 보낸 사람과 자신의 발달단계에 따라 그에 대응하는 방법이 달라질 수 있습니다.

그러나 아이는 결국 어떻게 감정을 표현할지, 연애를 하면 어떻게 될지를 먼저 생각합니다. 이 모든 작지만 큰 걸음과 생각에 관해 부모는 자녀들에게 미리 말해주는 것이 좋습니다. 이 단계에서 아이는 자신과 상대의 감정을 알게 되어 흥분한 상태에 불과합니다. 이는 마치 재미있고 매혹적인 동화 속에서 사는 것과 같습니다. 그러니 연애하는 사이에서 우

엄마, 나도 사랑을 해요

정의 규칙이 어떻게 적용되는지, 또 어떻게 행동해야 하는지, 어떻게 연애에 있어 안전을 확보할 수 있는지, 어떻게 좌절을 극복할 수 있는지 대화를 나눠볼 필요가 있습니다.

SNS를 사용해서 사람을 만난다고?

인터넷은 사랑을 실현하는 방법도 완전히 바꿔놓았습니다. 오늘날은 SNS를 통한 만남이 가능해서 심지어 얼굴 한 번 보지 않고도 사랑에 빠질 수 있습니다. 가상세계를 통해 사랑 고백을 하는 것은 얼굴을 마주하고 말하는 것보다 훨씬 쉬울 수도 있습니다. SNS에서는 말을 더듬거나 얼굴이 붉어지는 것을 두려워할 필요가 없습니다. 그러면 감정을 지어내기도 쉽죠. 가상세계에서는 자신이 원하는 바로 그 그림처럼 자신을 꾸며낼 수 있습니다. 유감스럽게도 이것은 여러 가지로 비현실적인 그림이며 현실의 빛을 견디지 못합니다. 그런데 이러한 진실을 알기 전에 사랑은 훨씬 깊어질 수 있습니다.

어린이와 청소년은 가상세계에서 만난 관계를 조심해야 합니다. 부모에게 보여주거나 학교 게시판에 올릴 수 없는 사진은 SNS를 통해서도 보내면 안 된다고 주의시킬 필요가 있습니다. 설령 상대가 그런 것을 요구한다고 해도 말입니다. 진실한 친구는 절대로 수상한 사진을 보낼 것을 요구하지 않습니다.

가상세계의 또 다른 문제점은 비언어적 메시지가 완전히 결여되어 있다는 점입니다. 비언어적 메시지는 실제 대화에 있어 매우 의미 있는 부분입니다. 사람은 존재만으로도 많은 메시지를 보내는데, 여기에는 목소리의 톤과 표정도 포함됩니다. 그런데 인터넷에서 사람을 만나 한 번도 얼굴을 보지 않고 연애를 시작한다면 어떻게 될까요? 연애를 시작하면서 갖게 되는 수줍음과 기본적인 경계심이 줄어들 것입니다. 이런 경계심은 연애 단계에서 아직 준비되지 않은 행동을 하지 않도록 보호해주는 역할을 하는데, 만난 적 없는 사람과 연애를 시작한다면, 이런 보호막이 사라지게 되는 셈이죠.

물론 SNS를 통해 진실한 사랑과 일생의 반려자를 찾을 수도 있습니다. 그럼에도 7단계에 이른 아이는 스스로를 더 잘 이해하고 자신의 발달단계를 존중하기 위해 잠시 망설이는 것도 도움이 됩니다. 모든 것이 자신이 상상한 것과 같지 않을 수도 있으니까요.

부모는 사랑과 동경이 강한 감정을 불러일으키고, 혼란스

엄마, 나도 사랑을 해요

러워하는 것이 인간적이며, 망설이는 것이 합리적이라고 이야기함으로써 자녀의 발달단계를 지지할 수 있습니다. 다른 사람을 대하는 방법에는 여러 다른 단계가 있음을 말할 필요가 있습니다. 표정, 몸짓, 태도 같은 비언어적 메시지는 가상 세계의 대화가 아무리 길어진다 한들 드러나지 않습니다. 다만 얼굴을 마주한 만남만이 보다 진실하고 온전하게 상대가 정말 어떤 사람인지 이해할 수 있게 해줍니다.

얼굴을 마주해야만
알 수 있는 것들

SNS를 통한 만남만으로는 진정한 맹세와 사랑이 이루어질 수 없습니다. 부분적으로 상상 속의 관계이기 때문이죠. 그것은 멀리 있는 우상을 사랑하는 것과 같습니다.(사람의 존재, 목소리의 톤과 빠른 비언어적 반응은 내가 상상한 것입니다.) SNS에서 알아가기 시작했다면 얼굴을 마주 보고 시간을 보낸 다음에야 상대가 SNS의 프로필만큼 동경할 만한지 아닌지 확인할 수 있습니다.

또한 인터넷을 통해 알게 된 사람을 처음 만날 때는 안전의 관점에서 여러 가지 것들을 확실히 할 필요가 있습니다. 절대로 혼자 가서는 안 되고, 열린 공간에서 만나야 합니다. 또한 가상세계에서 무엇을 하자고 동의했거나 어떤 약속을 했더라도 그것을 꼭 현실에서 하길 원한다는 뜻은 아니며, 꼭 해야 하는 것도 아닙니다. 다시 말해 인터넷을 통해 사귄 연인을 현실에서 만나게 된다면 모든 행동을 계획하고 새로 합의해야 합니다. 아이가 인터넷을 통해 첫 연애 상대를 만났다고 털어놓지 않는다면 아이에게는 이런 지식과 경험이 없을 것입니다. 그러니 아이와 평소에 자주 이야기를 나누며 아이가 어떤 생각을 가지고 어떤 상태에 있는지 파악하는 것이 중요합니다.

이 단계에 이른 아이는 자신의 감정을 입 밖으로 말할 수 있을 만큼 성장했습니다. 따라서 이제 거기서 잠깐 멈추고 이 작은 용기를 즐길 필요가 있습니다. 아직 제대로 준비되지 않은 상태에서는 행동으로 옮기면 안 됩니다.

엄마, 나도 사랑을 해요

사랑의 시그널

아이와 사랑과 감정을 표현할 수 있는 여러 가지 방법을 생각해보세요.
어떤 말, 몸짓, 선물, 행동, 눈빛, 표정 등을 사용할 수 있을까요?

아이와 나눈 말들을 아래에 적어보세요.

잘 거절하는 법

내가 좋아하지 않는 사람이 나를 좋아한다고 고백한다면 어떻게 대답하면 좋을지 아이와 이야기를 나눠보세요.

아이와 나눈 말들을 아래에 적어보세요.

아이는 용기를 내어 사랑하는 사람에게 다가
갑니다. 상대의 손을 부드럽게 잡으면, 좋아
하기 때문에 옆에 있고 싶다는 메시지가 전해
집니다. 손을 잡는 것으로 이미 자신이 찾던
만족을 얻었기에 말은 필요하지 않습니다. 스
킨십은 기쁨, 신뢰, 사랑, 우정 같은 많은 감정
을 표현합니다.

스킨십에 따르는 감정은 아주 클 수도, 작을
수도 있습니다. 아이는 어떻게 연애를 해야
하는지, 헤어지게 될 경우 어떻게 극복해야
하는지 등을 관심을 가지고 배웁니다. 발달
이 이미 성적 각성 단계에 다다랐다면 그 긴
장을 자위를 통해 해소하고자 합니다.

CHAPTER 9

8단계(12~16살)

스킨십이

필요해

아이에게 누구에게나 자신만의 발달단계가 있다는 사실을 말해주
세요. 자신의 속도에 맞게 발달하는 것이죠. 만나는 상대가 전혀 다른
발달단계에 있더라도 서로 사랑할 수 있습니다. 이때 연애 경험이 적
고 발달단계가 아래인 사람이 얼마나 준비되었느냐가 행동의 속도를
결정합니다. 사랑한다면 상대와 함께 확실히 준비된 데이트를 즐기기
위해 기다릴 수 있고 또 기꺼이 기다립니다. 모든 사람은 자신의 몸을
어떻게 만질지, 혹은 절대로 만져서는 안 되는지 여부를 스스로 결정
할 수 있습니다. 누구도 그것을 강요해서는 안 됩니다. 가족, 국가, 종
교 등이 정해놓은 규칙도 고려해야 합니다.

스킨십에 대해서도 말해주세요. 스킨십은 사랑과 안전감을 느끼
는 아름답고 평범한 방법이라는 사실을요. 사랑하는 사람의 손을 잡
는다는 것은 그를 인정하고 그와 가까이 있고 싶다는 뜻입니다. 우리
는 전 생애에 걸쳐 스킨십을 하고 그 감정을 공유합니다.

실패와 좌절, 결별에 대해서도 말해주세요. 이를 극복하는 것도
삶의 한 부분입니다. 좌절을 해소하는 수단을 알려주고, 언제나 친구
들과 가족의 지지를 받을 수 있음을 말해주세요. 그런 의미에서 청소
년 자녀가 친구관계를 잘 유지하도록 신경을 써주세요. 연애에 지나
치게 빠져 친구관계를 소홀히 하면 안 됩니다.

첫 스킨십,

손잡기

아이는 이미 전 단계에서 동경하는 대상에게 메시지를 보내거나 직접 고백하는 것으로 연애를 시도했습니다. 긍정적인 대답을 얻었다면 이제 연애를 시작할 수 있습니다.

육체적인 매력이 아직 크게 느껴지지 않고 접촉을 원하지도 않는다면, 만남은 접촉 없이 이루어집니다. 그러면 동경하는 눈빛, 의미 있는 미소를 지으며 연애를 생각하고 이를 친구들에게 말하고 공유합니다. 함께 취미생활을 하거나 산책을 할 수도 있습니다. 또한 연애는 상상하고, 계획하고, 문자 메시나 SNS를 통해 이루어질 수도 있습니다. 함께 어울리고, 친구들과 함께 즐겼던 일들을 하면서 시간을 보내기도 합니다.

이 발달단계에서 아이가 스킨십을 원하는 것은 분명합니다. 다른 사람의 피부를 느끼고자 하는 욕구는 크지만, 가능한 한 통제 가능하고 안전한 지점인 손을 접촉 부위로 선택합니다. 이 단계에서 이미 좋아하는 상대의 옆에 머물며 접촉을 감당할 수 있지만 만질 수 있는 것은 아주 작은, 겉으로 드러난 부분뿐입니다.

호감은 두 사람이 공유하며 온 세상에 보여주고 싶은 것입니다. 그것은 아름다우면서도 혼란스럽고, 중요하면서도 두렵게 느껴지는 감정입니다. 호감을 가진 두 사람 사이에는 긴장이 느껴집니다. 10대 청소년이나 20대 청년은 보통 긴 시간 동안 한 명 혹은 여러 명의 다른 상대와 손을 잡는 단계에 머뭅니다. 손을 잡고 걸었던 첫 상대와는 어쩌면 그저 그런 사이일 수도 있습니다. 청소년이 다른 친구들이 연애 상대와 손을 잡고 다니는 것을 보고, 자신도 누군가와 사귀기로 했지만 아직 연애가 무슨 의미인지 모를 때 이 단계가 시작됩니다.

가까워지는 법

익히기

같은 또래라도 서로 발달단계가 다를 수 있으며, 상대가 어느 단계에 있는지 모를 수도 있습니다. 연애 중인 두 사람 중 하나가 이미 손을 잡을 준비가 되었다면 손을 잡으려고 하고, 상대는 받아들이거나 거절함으로써 대답합니다.

이런 협상은 조용히 진행됩니다. 나란히 걸으면서 한 사람의 손이 실수인 것처럼 상대의 손을 가볍게 만지다가 두 손이 하나로 합쳐집니다. 혹은 한 사람의 손이 테이블 위에서 가까이 다가갑니다. 상대는 손을 멀리하거나, 그 자리에 두거나, 더 가까이 내밉니다. 어느 정도 시간이 지나면 손은 더 가까워져서 손가락 끝이나 새끼손가락이 상대의 손을 만지거나 위로 포개집니다. 이러한 몸의 대화를 통해 두 사람은 자신의 욕구와 감정, 준비된 정도를 확인하죠.

동시에 두 사람은 자신들을 보는 사람이 있는지, 그것이 좋은 일인지 나쁜 일인지, 공개적으로 자신들의 연애 여부를 말하고 서로에게 헌신하고 싶은지를 생각합니다. 이 단계에서 그들은 또한 자신의 연애를 적어도 친구들이나 부모에게 말합니다.

청소년들이 이렇게 서로를 만질 때는 규칙을 지키는 것이 중요합니다.

첫 번째 규칙은 모든 사람은 자신의 몸에 대한 결정권을 갖는다는 것입니다. 몸은 자기 자신의 것이고, 누가 내 몸을 만질 것인지, 어떻게 자신의 몸을 만질지는 스스로 정합니다. 누구도 그가 하기 싫어하는 것을 하도록 강요하거나 강제해서는 안 됩니다.

두 번째 규칙은 우정의 규칙으로, 친근하게 대하면서도 예의를 지켜야 한다는 것입니다.

세 번째 규칙은 상대에 대한 존중입니다. 모든 사람의 내면에는 각자의 속도로 성숙해지면서 지나는 자신만의 성의 계단이 있습니다. 상대의 발달단계는 자신과 완전히 다를 수도 있습니다. 사람의 발달 정도는 겉으로 봐서는 알 수가 없습니다. 발달단계는 나이에만 좌우되지 않기 때문이죠. 가장 중요한 것은 모든 사람의 개별적인 발달단계를 존중하는 것입니다. 이는 자신의 발달단계도 존중하고 보호하는 것을 포함합니다. 내가 준비되지 않은 행동을 상대가 강요하지 않도록 해야 합니다. 가끔은 손을 잡는 것도 과할 수 있습니다.

지금 이 스킨십,
정말 적절한가요?

이 시점에서 공동체가 적절하다고 여기는 규칙도 알아야 합니다. 청소년들이 연애를 하고 손을 잡는 것에 대해 공동체는 어떻게 반응할까요? 가까운 사람들이 연애를 허용하지 않으면 어떤 일이 벌어질까요? 연애 자체의 규칙 외에도 인간관계에 대한 공동체의 규칙과 규범을 이해해야 합니다.

가끔은 아이가 너무 경험이 없고 수줍어서 거절하는 방법을 모를 수도 있습니다. 연애나 스킨십 혹은 입맞춤을 할 준비가 되어 있지 않고 원하지도 않는데, 이를 어떻게 말해야 할지 제대로 알지 못할 때도 있습니다. 그럴 때는 부모 핑계를 대라고 알려주세요. 부모가 금지하고 감시하기 때문에 안 된다고요. 아이가 자신의 안전을 지키기 위해 부모의 감독과 권위를 이용할 수 있다면 좋은 일입니다.

부모의 태도와 요구사항은 아이를 위한 완충장치와 보호구로 작용합니다. 아이의 일상에 관심을 가지고 대화를 하고 아이를 잘 지켜보세요. 부모의 따뜻한 관심과 대화는 자신의 발달단계보다 앞서나가려고 서두르는 아이에게 아주 중요합니다. 부모가 적절하게 선을 그어주지 않으면 몸과 마음이 채 준

스킨십이 필요해

비되지 않은 상태에서 위기에 처할 수 있습니다. 상대의 제안과 요구, 심지어 협박을 거절할 용기를 내지 못하거나, 거절할 방법을 모르거나, 거절할 수 없어서 압력을 받게 되는 것이죠.

내 마음을 울리는
짜릿한 스킨십

용기를 내어 내민 손이 상대의 손에 닿으면 강력한 감정을 불러일으킵니다. 보통 함께 있는 것은 아직 성적 각성과는 거리가 멀지만 감정은 그에 매우 가까울 수 있습니다. 손을 잡는 것은 관계에 있어 중요한 부분입니다. 가까이 있는 기분은 전기 충격과 같아서 아이의 마음속은 강한 긍정적인 혼란, 심지어 에로틱한 감정으로 가득 채워집니다. 자신이 감히 행동할 용기를 내고 스킨십에 성공했다는 점에서 자긍심과 환희를 느낄 수 있습니다. 이는 모든 혼란 속에서 받은 영광스러운 상과 같습니다. 행동을 시작할 때 망설임과 두려움을 이겨내는 것은 중요합니다. 한편 어떤 사람은 이 걸음을 다른 사람들보다 가볍게 떼고 특별히 강한 감정을 경험하지도 않습니다. 어떤 과정을 거치든 호감을 느끼고 더 깊이 사랑에 빠질수록 상대와의 스킨십이 주는 의미는 전보다 더 커집니다.

스킨십에 조금씩 익숙해져야 합니다. 처음 시도할 때는 대개 아주 예민하고 긴장되어 있습니다. 그래서 상대의 손을 기계적으로 꽉 잡기도 하는데, 이는 자신의 움직임이 상대에게 어떠한 잘못된 메시지도 주지 않게 하기 위함입니다. 손에서는 땀이 나고, 입은 마르고, 한 마디도 할 수 없습니다. 그래서 비록 손잡기를 꿈꿔왔더라도 어렵게 느껴집니다. 서두르는 것처럼 보이거나 상대를 놀라게 하고 싶지 않죠. 동시에 손의 촉감을 느끼고 상대의 모든 움직임을 해석하려고 노력하는 데 모든 에너지를 씁니다. 아무리 애를 써도 머리가 제대로 돌아가지 않고, 이성적으로 생각을 할 수 없게 되기도 합니다. 이것은 물론 가장 정신을 차리고 싶어 하는 바로 그때 닥쳐오는 일이죠.

상대의 손이 내 통제하에 있다는 인식이 모든 생각을 지배합니다. 전기가 통하는 것 같은 강력한 감정 때문에 느끼고 즐기는 것 외에는 용기를 낼 수 없습니다. 머리가 고장 난 것 같더라도 상관없습니다. 그래도 무슨 말이라도 하고 싶지만 목이 마르고 혀가 입천장에 붙은 것처럼 입 밖으로 소리를 낼 수 없습니다. 말보다 스킨십에 집중하려 합니다. 동시에 상대와 가까이 있되 너무 가까워지지는 않도록 간격을 조절합니다. 또한 얼굴에 번지는 세상에서 가장 행복한 미소를 진정시키려고 애를 씁니다. 멍청해 보이고 싶지 않기 때문이죠.

이와 같이 자신의 몸을 통제하는 것, 가까워지는 것과 함께하는 것을 경험하고 즐기는 일은 고되지만 멋진 일입니다.

아이는 처음에는 열린 공간에서 다른 사람들과 함께 있을 때만, 그리고 말을 하려 노력하지 않아도 되는 장소에서만 손을 잡을 용기를 냅니다. 이때 인기가 있는 장소는 영화관, 친구들과 함께하는 만남의 자리 등입니다.

한편 아이는 누구로부터 방해받지 않고 홀로 상상의 날개를 펼칠 수 있을 때 성적 감정에 집중할 수 있습니다. 성적 각성을 경험하는 것이죠. 많은 사람들이 이 단계에서 자위행위를 하기 시작합니다.

너와 단둘이
있고 싶어

이 단계에서 아이는 상대와 단둘이 있는 것을 배웁니다. 아이는 물리적으로 이미 상대와 꽤 가까이 있지만 아직 붙어 있지는 않습니다. 둘이 함께 다니고 스킨십이 만든 강한 친밀감을 마음속에 간직하며 적절한 거리를 유지합니다. 이때 다른 사람의 관심을 끄는 법을 배우게 됩니다. 이후에 더 친밀한 성적 메시지가 여러 단계에서 발생하게 됩니다. 신체적 메시지와 언어적 메시지가 더 세련되고 정중하게 변합니다.

연애에서 대화는 서로 주고받는 메시지의 일부분일 뿐입니다. 표정, 태도와 목소리의 톤이 대화 못지않게 중요해지기도 하죠. 더 가까이 접촉할수록 더 중요한 정보가 비언어적인 메시지를 통해 전달됩니다. 이미 스킨십만으로도 상대가 친근한지 혹은 악의적인지, 따뜻한지 무감정한지, 베풀려고 하는지 아니면 받으려고 하는지 알 수 있습니다. 두 사람은 함께 있는 것에 익숙해지면서 곧 앞으로 향하게 될 길인 성적 친밀함을 알게 됩니다. 그 길에서 말은 우리가 생각하는 것만큼 크게 의미가 있지 않습니다. 그러니 신체적 메시지를 배워야 합니다. 다른 사람의 손에서 느껴지는 전기가 흐르는 흥분, 상대의 표정, 몸짓과 손을 꼭 쥐는 것 등이 아이가 배워야 할 비언어적 메시지입니다.

아이는 상대의 손을 잡는 것만으로도 자신이 찾던 바로 그 큰 행복과 만족감을 느낍니다. 손을 잡은 상대가 아이에게 중요한 사람인지에 따라 감정은 아주 거대할 수도, 아주 작을 수도 있습니다.

스킨십이 필요해

실연의 슬픔을
극복하는 법

좌절도 삶의 일부분입니다. 거절당하거나 거절하는 법을 배워야 합니다. 사실 많은 청소년들이 종종 여러 연애 상대와 손을 잡고 걷는 것을 배움으로써, 연애 초기 단계의 좌절이 상대에게 보낸 타는 듯한 감정만큼 충격적이지는 않다는 것을 알게 됩니다. 예전에는 거절당하는 것이 세상의 끝처럼 여겨진 적도 있었는데 말이죠.

연애 초기 단계에 겪는 좌절은 성인이 되었을 때 동반자 관계를 만들기 위한 중요한 경험입니다. 좌절은 강한 감정을 유발하죠. 아이는 울어야 할 때 울고 슬퍼해야 할 때 슬퍼하는 법을 배워야 합니다.

그리고 이런 좌절을 극복하기 위해서는 친구들이나 부모 혹은 가까운 어른들의 지지가 필요합니다. 아이는 좌절로 인해 너무 우울해져서 이를 극복할 방법을 찾지 못할 수도 있습니다. 종종 결별과 좌절의 이유를 자기 자신에게서 찾습니다. 자책과 자기연민, 세상이 끝난 느낌 같은 생각의 악순환을 멈추려면 부모의 도움과 조언, 지혜가 필요합니다. 부모의 좌절과 그것을 이겨낸 경험은 아이의 마음을 가볍게 하고 앞으로

184

나아갈 힘을 줍니다.

　연애 기간이 짧았더라도 자녀의 감정을 과소평가해서는 안 됩니다. 거기에 자신의 모든 것을 쏟아부었을 수도 있거든요. 부모는 자신이 더 나쁜 결별을 맞이했고, 모든 수단을 동원해 이를 극복했다며 설교해서는 안 됩니다. 지혜로운 부모는 이야기를 들어주고, 아이에게 용기를 줍니다. 그런 다음 아이가 일상의 중요한 작은 일들을 하도록 단호하게 이끎으로써 아이가 다시 정상적인 삶의 리듬과 생활을 되찾게 합니다.

자녀가 신뢰하는
사람은 누구인가요?

이 단계에서 아이는 불안정한 분리감을 느낄 수 있습니다. 연애 상대의 삶에도 속하지 않고 진정한 가족의 일원도 아니라고 생각하는 거죠. 아이는 혼자 견뎌야 한다고 느낍니다. 이때 좋은 친구들의 존재는 아이로 하여금 소속감을 느끼게 해주지만, 애착의 분리와 외로운 감정은 일반적인 것입니다.

　좌절의 경험을 통해 아이는 자신이 혼자이고 어려움에 처해 있다고 느끼지만, 누가 자신에게 도움을 주고 믿을 수 있

스킨십이 필요해

는 어른인지 모를 수 있습니다. 그런 어른이 실제로 주변에 있다 해도 구분해내기가 힘듭니다. 그렇기 때문에 부모는 아이와 함께 어떤 사람이 친구이고 신뢰할 수 있는 어른인지, 마음이 아플 때 대화를 나누고 조언을 구할 수 있는 사람은 누구인지 이야기를 나눌 필요가 있습니다. 또는 아이에게 함께 깊은 감정을 나눌 수 있는 사람이 누군지 알려달라고 할 수도 있습니다. 이때 부모는 아이가 그런 가까운 어른으로 자신들을 지목하지 않더라도 상처를 받아서는 안 됩니다. 가장 중요한 것은 아이가 열거한 사람들이 부모도 신뢰할 수 있는 사람들인가 하는 것입니다. 자신의 친구들 외에도 친척이나 선생님일 수도 있고, 때로는 자신의 친구가 아닌 가족의 친구가 삶이 흔들릴 때 지지해주는 중요한 사람일 수도 있습니다.

부모는 자녀가 함께 시간을 보낼 신뢰할 수 있고 안전한 사랑의 상대를 찾은 것에 기분이 좋을 수 있습니다. 그러나 연애 중인 아이가 아무리 깊은 사랑에 빠져 있더라도 예전의 친구관계도 잘 유지하라고 말해주어야 합니다. 오랜 친구관계는 언제나 소중히 여기는 것이 좋습니다. 친구는 평생을 가지만 사랑하는 사람은 여러 번 바뀔 수 있습니다. 아이와 함께 가끔 만나는 친구들, 한 번도 만나본 적이 없는 인터넷 친구들 등 먼 친구들까지 모두 포함한 우정의 지도를 만드는 것도 방법입니다. 이렇게 함으로써 비록 사랑하는 사람이 떠나더라도 자신을 지지해주는 사람들, 많은 친구들과 멋진 사람들이 주변에 있다는 것을 아이에게 알려주는 것이죠.

이럴 땐 어떻게 해야 할까?

연애 상대가 자기가 원하는 대로 하지 않으면 떠나겠다고 위협할 경우 어떻게 해야 할지 아이와 대화해보세요.

이 행동은 연애 상대가 어떤 사람이라는 것을 의미할까요? 아이의 생각을 적어보세요.

_____

_____

_____

_____

그래도 그를 사랑한다면 어떻게 해야 할까요? 아이의 생각과 부모의 생각을 적어보세요.

_____

_____

_____

_____

사랑과 우정 사이

사랑하는 사이와 친구의 차이점은 무엇인지 아이와 이야기해보세요.

아이와 나눈 말들을 아래에 적어보세요.

이 시기의 청소년은 키스를 해보고 싶은 욕구를 느낍니다. 사랑하는 사람이 있고, 앞선 성의 계단을 거치며 쌓은 경험이 있다면 성적 접촉을 경험하는 첫걸음을 떼어야 할 때입니다. 얼굴, 목, 머리카락, 팔에서 시작한 애무의 여정은 입술과 혀, 피부가 무수한 방법으로 만나는 '키스'로 향합니다. 이렇게 용기와 열망이 자라나면 상대와 온몸을 밀착해서(하지만 옷은 입은 채로) 친밀함을 주고받고 싶은 욕구도 커집니다. 키스로 성적 각성을 느끼고 자신의 몸에서 긴장을 경험할 수도 있습니다. 상대에게도 같은 종류의 즐거움을 주고 싶어 하죠.

청소년은 자신이 무엇을 원하는지 혹은 원하지 않는지, 그리고 무엇을 할 준비가 되었는지 생각하고 표현할 줄 알아야 합니다. 또한 상대의 메시지를 해석하고 존중할 수 있어야 합니다. 그리고 여러 가지 감정과 메시지를 감당할 수 있어야 합니다. 비록 키스를 즐길 준비가 되었더라도, 실제로 애무가 어디까지 갈지는 청소년 자신과 상대의 준비된 정도와 함께 내린 결정 및 이들을 둘러싼 문화에 달려 있습니다.

CHAPTER 10

9단계(13~18살)

키스는 얼마나

황홀할까?

아이에게 키스와 뽀뽀의 차이에 대해 말해주세요. 뽀뽀는 가까운 사람들이 자기 전에 입맞춤을 하거나 만나서 반갑다고 볼뽀뽀를 하는 등 가벼운 접촉입니다. 반면에 키스는 아주 특별한 동경과 감정을 뜻하는 것으로, 가장 가깝고 사랑하는 사람과만 나눌 수 있습니다. 또한 일생 동안 가장 사랑하는 사람에게 감정을 표현하는 중요한 방법이기도 합니다.

연애할 때 어떻게 행동해야 하는지도 알려주세요. 다른 사람들이 보는 앞에서 하는 적절한 애정표현으로는 어떤 것들이 있는지, 단둘만 있을 때는 어떻게 행동해야 하는지 등을 말이죠. 열정적인 키스는 개인적인 일입니다. 더불어 아이가 자기 몸에 대한 권리를 지키도록 상기시켜주세요. 그것은 모든 행동이 항상 자발적이어야 하고, 자신이 준비된 정도에 근거해야 한다는 뜻입니다.

아이에게 언제든 찾아올 수 있는 실연의 슬픔과 좌절을 극복하는 방법에 대해서도 말해주세요. 좋은 친구들과 부모는 그런 상황에서 언제나 자신을 지지해준다는 사실도요.

기분 좋은 키스란
어떤 것일까?

키스 단계에서 아이는 새로운 동경과 사랑을 경험합니다. 이제 아이는 상대와 접촉할 때 성적 각성을 느낍니다. 점차 사랑하는 사람과의 친밀한 시간이 자연스럽게 느껴지기 시작하면, 긴장을 풀고 그 순간을 더 깊이 만끽할 수 있습니다. 예전의 불확실함과 혼란스러운 감정이 사라지고 그 자리에 용기가 생겨납니다. 이제 사랑하는 사람과 더 실제적이고 깊이 있는 접촉을 시도할 수 있습니다.

키스를 시도하거나 원하는 것은 아이 스스로 생각하기에도 큰 발걸음입니다. 성적 발달에서 그 어느 때보다 격렬한 도약이 일어나는 것인데, 키스를 통해 민감한 성적 친밀함을 경험하고 각성하기 때문입니다. 아이가 키스를 할 용기를 낸다면 그 사건은 진짜 중에 진짜이고 그저 단순한 놀이가 아닙니다. 키스는 '이제 우리가 정말 가깝고 조금은 서로의 속에 들어왔다'라는 뜻입니다. 자기가 원한다고 해서 상대의 의사에 반해서 키스를 하면 안 되는데, 그러면 상대가 정말 기분이 나쁘고 역겹다고 느낄 수 있기 때문입니다.

앞서 아이는 스스로 좋다고 느끼지 않는 것은 절대 할 필요가 없다고 배웠습니다. 이 말들은 계속 강조하고 반복할 필요가 있습니다. 아이가 키스를 주고받는 연습을 할 때 자기 자신을 보호할 수 있도록 말이죠. 그러면 키스가 좋게 느껴지지 않을 때 싫다고 말하고 떠날 수 있는 힘이 생깁니다. 키스를 하면 보통의 인간관계에 속하는 신체 접촉의 선을 훨씬 뛰어넘게 됩니다. 그런 행위는 아주 가깝고 신뢰하며 좋아하는 상대에게만 환영받을 수 있습니다. 필요할 경우 명확하고 단호하면서도 부드럽게 상대가 자신의 선을 넘었다고 용기를 내어 표현할 수 있어야 합니다.

전혀 좋아하지도 관심도 없는 사람과 키스를 하면 보통 좋은 느낌이 들지 않습니다. 그런 경우 키스는 잠들기 전에 엄마 아빠가 해주는 뽀뽀처럼 느껴지거나, 최악의 경우 냄새나는 행주를 입에 댄 느낌이 들 수도 있어요. 한편으로 아이는 성적 친밀함을 실현하기 훨씬 전부터 키스에 관심을 보입니다. 여러 가지 게임이나 놀이 등을 통해 키스가 어떤 느낌인지 시도해봤을 수도 있습니다.

가까이,

더 가까이…

손을 잡는 것으로 이미 상대의 피부에 내 피부가 닿는 느낌이 어떤지 배웠을 것입니다. 손으로 상대의 손가락과 손목, 팔을 쓰다듬습니다. 어느 순간 팔을 상대의 어깨에 두르거나 다른 방법의 포옹을 통해 더 가까이 다가갑니다. 이 단계의 청소년은 성적으로 더 친밀하게 몸과 몸이 닿는 접촉을 하고자 하는 욕구가 깨어나고 성숙하게 됩니다. 이는 아주 개인적인 차원의 일이죠.

청소년은 언제 어디서 키스를 하는 것이 적절하거나 그렇지 않은지를 아는 것이 좋습니다. 사랑할 때도 매너와 다른 사람에 대한 존중을 잊지 말아야 합니다. 성숙해진다는 것은 새로운 책임을 배운다는 뜻입니다. 청소년은 껴안고 한데 엉키는 것이 성적 메시지와 관련이 있다는 것, 개인적인 일이라는 것을 알아야 합니다. 그런 모습을 다른 어린이나 청소년 혹은 어른에게 보이는 것은 좋지 않습니다. 다른 사람들이 이를 억지로 보려 들어도 안 되고, 반대로 자신이 남들에게 억지로 보여줘서도 안 됩니다. 비록 지금 감정의 지배를 받아 사랑하는 사람 말고는 아무것도 안 보인다고 해도, 사회적 규범들을 지켜야 한다는 사실과 다른 사람들에게 흥분되는 성적 접촉을 보이지 않을 권리가 있다는 것을 기억해야 합니다. 어른들은 청소년들에게 학교나 집, 기타 공공장소에서 다른 사람들이 볼 때 개인적인 성적 행위를 하지 않도록 가르칠 권리와 의무가 있습니다. 성의 계단을 오를수록 더 개인적인 성적 표현들이 나타나기 때문에, 이 시기부터 정확하게 청소년에게 알려줘야 합니다.

키스보다 더한 것을
할 수 있을까?

아이가 지금 행동하기를 원하고 상대도 가까이 올 준비가 되었다면 서로의 몸이 더 밀착됩니다. 그래도 아직은 가슴이나 엉덩이, 성기 같은 부위를 의식적으로 만질 엄두를 내지 못합니다. 아직 몸이 성숙하지 않았고 옷을 벗으려 하지도 않습니다. 자신이 느끼기에 얼마나 준비되었는가가 이 상황에서의 명확한 경계를 짓습니다. 대부분의 경우 키스만으로도 배우고 탐구하며 익숙해져야 할 것이 너무 많아 아직 다른 것을 할 정신이 없습니다. 이때는 한 번에 한 단계씩 나아가는 것이 좋습니다. 자신이 방금 성취한 새로운 계단을 알아가고, 먼저 그것이 주는 기쁨과 가르침을 느끼는 것이 안전합니다.

그래도 이 단계에서 성적으로 각성하여 이미 불꽃이 튈 수도 있는데, 남자아이들은 발기하고 여자아이들은 성기가 젖습니다. 벨벳 같은 입술과 실크 같은 혀와 점막의 접촉은 긴장과 메시지, 감정으로 가득 차 있습니다. 이것들은 몸과 마음에 강력한 영향을 줍니다. 그러면서 자신의 행동, 감정과 욕구를 통제하고 조절하는 법을 배웁니다.

서로 몸을 맞대는 것만으로도 많은 만족을 얻고 자신과 상대의 몸에 대해 알게 됩니다. 그것은 아이가 꿈꿔왔고 이 단계에서 갈망하는 모든 것입니다. 아이는 호흡의 간격과 냄새, 온기 등을 통해 상대의 몸이 각성했음을, 부끄러워함을, 힘을 얻은 것을 느낍니다. 얼굴이 더 가까워집니다. 꽤 가까운 곳에서 눈을 바라보는 것은 강력한 메시지로, 뜨거운 감정과 숭배하는 사랑, 짓궂은 생각을 나타냅니다. 자신이 바라는 것과 준비된 정도를 알리는 동시에 상대의 감정과 바라는 것을 가늠할 수 있죠. 또한 상대의 볼과 머리카락, 귓불을 애무하는 법을 배웁니다. 서로의 시선은 입술에 오래 머물며 그 떨림을 통해 상대가 접촉을 원하는지를 읽습니다.

내 아이는 지금
어디쯤 와 있을까?

겉모습만으로는 청소년의 발달단계가 어디에 머물러 있는지 가늠하기가 쉽지 않습니다. 부모와 청소년 자녀의 사이가 아주 가깝더라도, 부모가 성의 계단에서 자녀의 발달 정도와 진전 가능성을 확신하기란 어렵죠. 아이는 자신의 길을 가고 자신의 욕구와 희망사항, 할 수 있는 행동들을 개인적인 일로 간직합니다. 어떤 아이들은 자신을 실제보다 경험이 많고 성숙한 모습으로 포장하여 부모에게 보여주려고 애쓰기도 하고, 다른 아이들은 반대로 실제보다 경험이 없고 미숙한 모습으로 꾸미기도 합니다.

가끔은 부모가 자녀의 실제 발달단계를 보고 당황하기도

하는데, 사춘기에 육체적·정신적 발달은 매우 급격하게 일어나기 때문입니다. 성의 계단에서는 청소년의 신체 발달로 미루어 짐작할 수 있는 것보다 훨씬 느리게 진행될 수도 있습니다. 많은 청소년은 행복에 들떠 첫사랑 상대를 소개했다가 부모의 예상 못한 반응에 충격을 받곤 합니다. 부모는 청소년 자녀가 연애를 하는 것을 보고 어른이 다 되었다고 오해하고 연애와 섹스를 연관 지어 생각하고, 더 나아가 아이에게 콘돔 꾸러미를 선물하거나 산부인과에 방문하게 하는 등 피임 교육을 서두릅니다.

큰 사랑과 입맞춤의 아름다움을 마주할 수 있도록 성숙해진 청소년은 생각이 예민해져서 나이 든 사람들은 청춘과 진실한 사랑에 대해 아무것도 모른다고 여기는데, 꽤 옳은 생각이기도 합니다. 청소년은 부모가 자신과 자신의 가치관을 이해하지 못하고, 자신의 책임감을 신뢰하지 않으며, 방해받고 싶지 않은 욕구를 존중하지 않는다는 것에 상처를 받을 수 있습니다.

한편으로는 정반대의 상황이 벌어지기도 합니다. 부모는 청소년 자녀를 아직 어린이로 여기지만 아이는 이미 연애 상대와 꽤 깊은 관계까지 나아갔을 수도 있습니다.

피임에 대해 언제 이야기해주어야 할까요?

청소년 자녀와 연애에 대해 이야기할 때는 매우 주의를 기울여야 합니다. 부모는 아이가 어릴 때부터 피임이란 무엇이고 어디에서 피임에 관한 상담을 하고 피임 도구를 얻을 수 있는지에 대해 알려주어야 합니다.(핀란드의 경우 적십자 등에서 각종 캠페인을 통해 청소년들에게 피임 교육을 실시하고 콘돔을 나눠주기도 한다. -옮긴이) 그래야 자녀가 부모가 자신이 곧 성관계를 시작할 것이라고 생각한다는 느낌을 받지 않습니다. 이런 것들을 자녀가 이미 연애를 시작한 후에야 말한다면, 자녀는 모욕감을 느낄 수 있습니다. 이런 대화는 10살 정도부터 시작해서 주기적으로 해주는 것이 좋습니다. 우정의 규칙과 상호 존중에 관해 이야기하면서 피임 이야기도 같이 해주세요. 어디서 피임 도구를 구할 수 있으며, 부모가 그것에 대해 어떻게 생각하는지 말해주는 것도 좋습니다.

사랑과 피임에 관한 책임감은 사람마다 다릅니다. 부모가 되는 것에 관한 책임은 부모 양쪽이 각각 지는 것으로, 강요할 수 없습니다. 자신이 부모가 될 것인지에 대한 결정은 성관계를 하기 전에 내려야 합니다. 이는 자신의 삶이지만 가족들에게도 영향을 미치는 중요한 결정이기 때문입니다. 부모가 되고 싶지 않은 쪽이 피임을 하는데, 가능하면 양쪽 모두 하는 것이 좋습니다. 그래야 이중으로 안전한 피임이 될 것입니다.

입을 사용하는
새로운 즐거움

아이에게 입은 중요한 즐거움의 원천입니다. 유년기에는 막대사탕을 빨아 먹고, 접시 바닥을 핥아 먹고, 아이스크림을 혀 끝에 녹이며 천천히 즐기는 것이 꽤 멋지게 느껴집니다. 9단계에서 청소년은 입을 사용하는 새로운 즐거움에 집중합니다. 이제 연인들은 서로 키스를 하고 큰 만족을 경험합니다.

사랑의 감정에 더해진 스킨십과 입술의 접촉은 여러 아름답고 매혹적인 감정을 불러일으킵니다. 청소년은 이미 연인과 함께 있을 때 성적이고 에로틱한 기분을 즐기고 그런 기분을 일깨우는 행동을 할 수 있습니다. 그래도 아직 더 멀리 가는 행동은 하지 않습니다. 일단 이런 식으로 자신의 몸을 느끼고 그 성적 반응을 통제하는 법을 배웁니다.

또한 키스는 청소년들로 하여금 상대와 새로운 동질감을 경험하게 만듭니다. 아주 강한 사랑의 감정과 동시에 우정의 감정도 경험합니다. 이렇게 성적 각성과 사랑의 경험이 마음속에서 결합됩니다.

무엇보다,

서로 원해야 하기에

다행히 이 단계에서 연애는 이미 상호적입니다. 아이는 상대의 행동과 발언에 반응할 뿐 아니라 진정으로 상대의 의견에 관심을 기울입니다. 상대가 자신과는 다르며 현실에 존재하는 사람이라는 것을 깨달았기에, 상대가 원하는 것들과 만족이 아이에게는 점점 더 중요해집니다. 상대를 더 깊이 알고 싶어 합니다. 상대의 생각과 가치관, 삶뿐 아니라 몸 구석구석과 반응을 알고 싶어 합니다. 자신이 아닌 다른 사람의 감정, 생각, 몸은 흥미롭습니다.

손을 잡고 걷는 단계에서 키스하는 단계로 옮겨가는 것은 청소년의 성 발달에서 큰 도약입니다. 대부분의 경우 키스는 이미 오랫동안 꿈꿔왔으며, 상상 속에서 우상과 주고받았던 것입니다. 한편으로는 갑작스럽게 첫 키스를 하게 될 수도 있습니다.

신체적인 흥분은 생물학적 현상으로 자제가 가능하며, 반드시 성적 부위의 애무로 이어져야 하는 것은 아닙니다. 이런 상황에서는 사랑하고 존중하는 마음으로 서로를 대해야 합니다. 그리고 청소년 자신뿐 아니라 상대가 준비되었는지 살

피고, 또한 규범과 책임감에 따라 결정하고 선택할 수 있도록 이성이 행동을 이끌어야 합니다.

청소년 자녀와 성적 발달에 관해 대화할 필요가 있습니다. 평균적으로 언제쯤 어떤 일이 발생하고, 개인적 특성과 차이점은 어떤 것인지 등을 말입니다. 보통 얼마나 사귀다가 다음 단계로 옮겨갈 준비가 되는지도 이야기할 필요가 있습니다. 가끔은 몇 년이 걸리기도 합니다. 어떤 사람들은 그보다 빨리 준비가 될 수도 있지만, 사랑하는 상대가 준비되기를 조용히 기다립니다. 상대의 성적 발달을 재촉할 수는 없습니다. 상대에게 압력을 가하거나 강요하면 안 되는데, 그렇게 하면 상대의 사랑을 파괴할 수 있기 때문입니다. 그 대신 상대를 존중하면 대부분 사랑이 더 깊어지죠.

대중매체는 연애와 성관계를 아주 빠른 속도로 묘사합니다. 이야기의 주인공들이 사랑에 빠지면 다음 장면에서는 이미 성행위를 하고 있죠. 가끔 실제 삶에서 어른들에게도 그런 일이 생길 수 있지만, 청소년기의 첫 성관계는 더디게 진행됩니다. 예전 부모 세대의 성숙 속도와 크게 다르지 않습니다. 그러니 성적 발달의 단계에 대해 자세히 알려주세요. 청소년들이 성적 발달에 대해 더 많이 알수록 자신의 발달단계에 맞는 진전을 소중히 여기게 될 것입니다.

키스는 얼마나 황홀할까?

감정의 스펙트럼을 넓혀주세요

내 자신의 감정이 확실하더라도 상대의 메시지와 감정에 주의 깊게 귀를 기울일 필요가 있습니다. 상대는 다른 감정일 수도 있기 때문입니다. 상대가 거절의 메시지를 준다면 그 거절을 받아들여야 합니다. 한쪽은 깊은 감정을 느끼지만 상대는 강한 애착이나 사랑, 일체감 없이 다만 호기심에서 입맞춤을 했을 수도 있습니다. 상대가 갑자기 그만 만나자고 하면 방금 인생에서 사랑이라는 큰 감정을 느낀 청소년은 놀라고 상처를 받을 것입니다. 강한 사랑과 성적 각성, 친밀감은 청소년이 바로 그 상대와 평생 동안 결합할 준비가 되었다고 생각하게 만듭니다. 그때 상대가 자신들의 관계가 아무 의미가 없다고 한다면 청소년이 느끼는 좌절감은 아주 클 것입니다.

어떤 사람들은 감정을 잘 느끼지 못합니다. 이런 특성은 선천적이며 바꿀 수 없는 경우도 있습니다. 그들도 깊은 관계를 형성하는 경우가 있지만, 그 관계의 이유가 감정 이외의 분명한 무엇입니다. 감정을 더 깊게 경험할수록, 그리고 더 용감하게 성의 계단에 뛰어들수록 상처를 입을 가능성이 높습니다. 따라서 확실한 것은 자신의 감정뿐이라고 청소년 자녀에게 미리 말할 필요가 있습니다. 반면에 상대의 감정은 항상 추측으로 얻을 수 있는 정보에 국한된다는 사실도요. 그러나 깊은 감정을 느끼는 사람은 감정의 넓은 스펙트럼을 모두 만끽할 수 있는 능력이 있으며, 그것은 멋진 재능임을 알려주세요.

프라이버시를
존중해주세요

부모로서 자신의 청소년기를 되돌아본다면 절대로 서둘러서는 안 되는 발달 과정의 일부분을 발견할 수도 있습니다. 혹은 반대로 자신의 발달 과정에서 여러 계단들을 급하게 뛰어올랐던 기억을 찾을 수도 있고요.

부모는 자신의 성적 경험의 역사를 자녀에게 자세히 말할 필요는 없지만, 젊은 시절의 연애와 좌절에 관한 어떤 것들은 말해도 됩니다. 이때 성적 경험은 제외하고 말해야 합니다. 부모 자식 간에는 성적 관계에 대한 프라이버시를 유지해야 합니다. 프라이버시는 수십 년이 지나도 여전히 프라이버시이니까요.

부모는 또한 자신의 경험이 아닌 젊은 시절의 친구나 다른 사람들의 연애 경험을 익명으로 말할 수 있습니다. 이 경우에도 절대로 섹스에 대해 시시콜콜 묘사해서는 안 되며, 실수나 조심해야 할 것들, 어려움, 당황스러운 상황들과 누구나 실패하거나 어려움을 겪을 수 있지만 그것을 극복하고 나아갈 수 있다는 것을 강조해서 말해야 합니다.

언젠가 사랑이
끝날 수도 있나요?

아이와 사랑의 시작과 끝에 대해서도 이야기를 나누세요. 아이에게는 큰 사랑이 막을 내리거나 연애가 끝난 경험이 별로 없을 때니까요. 자신의 감정은 그대로인데 상대의 사랑이 끝나 이별을 요구할 때 특히 쓰라립니다. 좌절을 극복하기 위해서는 다른 사람의 지지가 필요합니다.

연애가 끝나면 실연당한 것을 인정하고 견뎌야 합니다. 자녀와 함께, 비록 이것이라고 백 퍼센트 확신할 수는 없어도 연애가 끝난 모든 이유와 실연으로 인한 좌절감을 어떻게 버텨낼지 이야기할 필요가 있습니다. 아이가 실연의 깊은 늪에서 나와 다시 빛을 향해 나아갈 수 있도록 여러 가지 위안의 수단과 방법을 찾도록 격려해야 합니다.

어쩌면 아이가 이별의 원인이 자기 자신에게 있다고 여길 수도 있습니다. 자신의 외모나 성격, 신체 때문이라고요. 이는 곧 자신이 완벽하지 않기 때문에 이별이 찾아왔다는 뜻입니다. 따라서 슬픔과 좌절 이후에는 긍정적인 자아상을 되찾고, 이번 연애는 유감스럽게 끝났지만 언젠가는 다른 누군가의 멋진 동반자가 될 수 있을 것이라는 믿음을 주는 것이 중요합니다.

이별의 이유가 가끔은 상대의 어떤 요구를 받아들이지 않았기 때문일 수도 있습니다. 그런 상대와의 이별은 행운인데, 대부분의 경우 그 사실을 금방 깨닫지는 못합니다. 이때는 이별의 이유가 아이 자신과 상관없을 수도 있다고 말해줄 필요가 있습니다. 아마 상대는 아직 누군가에게 정착할 준비가 되지 않기 때문인지도 모릅니다. 아이에게 이별을 극복한 사람들의 이야기를 들려주어 위로하고 이별을 극복하는 수단을 찾게 도와주세요.

아이와 함께 생각해보세요

성은 개인적인 일입니다

성, 특히 성 경험에 있어 프라이버시는 존중되어야 합니다. 부모는 자녀에게 사랑이나 다른 감정들에 관해 이야기해줄 수는 있어도 절대 자신의 은밀한 성과 흥분의 경험을 이야기해서는 안 됩니다. 부모가 자신의 경험을 이야기하기를 거절함으로써 자녀에게 누구에게도 개인적인 일을 드러내서는 안 된다는 것을 가르치게 됩니다. 자녀 또한 모든 연애 상대와 친한 친구들에게 자신의 성적 경험을 비밀로 하는 것이 좋습니다. 특히 대중매체와의 인터뷰에서는 자신의 성 경험에 관해 아무것도 말해서는 안 됩니다. 자신은 물론 연애 상대도 상처를 입게 되니까요. 처음에는 자신의 발언이 용감하게 느껴지겠지만 나중에는 후회하고 창피해하게 됩니다. 그런 발언이 그를 괴롭히고 방해하기 위해 쓰일 수도 있습니다.

스마트폰을 통한 성적 사진과 메시지의 교환(Sexting)에도 같은 규칙이 적용됩니다. 아주 개인적으로 둘이 대화를 하는 중 상대에게 보낸 사진이 수년간 넷상을 돌아다니며 아주 엉뚱한 사람들의 손에 들어가거나 심지어 많은 사람들에게 노출될 수도 있다는 것을 알아야 합니다. 사진을 보내자마자 갑자기 돈을 달라고 협박(Sextortion)을 받을 수도 있습니다. 친구들이나 연애 상대에게는 부모에게 보여줄 수 있거나 학교 게시판에 올릴 수 있는 사진만 보내야 한다는 사실을 꼭 알려주세요.

너는 지금 모습
그대로 완벽하단다

청소년들은 종종 자신의 신체와 그 형태, 반응 등을 면밀하게 평가합니다. 동시에 자신의 몸이 좋은지 그렇지 않은지를 생각합니다. 신체를 통해 성적 각성을 경험하고, 자위의 즐거움을 느낍니다. 자위는 연애나 성적 접촉이 좌절되었을 때 위안을 얻는 중요한 수단이기도 합니다. 청소년은 또한 자신의 성기와 그 기능을 평가합니다. 자신이 누군가의 상대가 될 수 있는지, 자신의 성기를 다른 사람에게 보여도 될지, 또한 그것이 번식과 즐거움을 줄 것인지를 생각합니다.

긍정적인 자아상과 신체상의 강화를 위해서는 친구들과 부모의 역할이 중요합니다. 부모는 예를 들어 자녀의 매력이 무엇인지 이야기해줄 수 있습니다. 개인적인 장점들과 그를 높게 평가할 수 있는 특성들을 알려줄 필요가 있습니다. 그 매력은 청결함, 행동, 옷차림과 친근함 등을 통해 강조할 수 있습니다. 자녀에게 자신의 매력을 좀 더 강조할 수 있는 자신을 돌보고 가꾸는 기술들을 알려주세요.

성의 계단 알아보기

자녀와 함께 모든 성의 계단들의 이름과 각각의 의미들을 알아보세요.
자녀가 성의 계단이라는 개념을 정확히 알게 되었다면, 왜 성의 계단들
을 뛰어넘어서는 안 되고, 자신과 상대가 얼마나 준비되었는지를 존중
하는 것이 왜 중요한 일인지 이야기를 나눠보세요.

아래에 자녀가 이야기해준 다양한 생각과 감정을 적어보세요.

왜 대중매체에서는 종종 성의 계단을 뛰어넘어버릴까요? 그 이유에 대해 자녀와 토론하고, 아래에 자녀의 생각과 부모의 생각 등을 자유로이 적어보세요.

이 시기의 청소년 혹은 청년은 예전보다 더 가까이 다른 사람과 접촉할 준비가 되어 있습니다. 성적 흥분은 꽤 강력한 폭풍을 불러옵니다. 육체적으로는 상대의 몸을 애무하고, 정신적으로는 가까운 거리에서 감정과 생각의 교환이 일어납니다. 감정의 스펙트럼은 깊은 사랑과 기쁜 용기에서 슬픈 불확실함과 상실의 두려움까지 아주 넓습니다. 이러한 깊은 감정들은 헌신과 믿음을 동반합니다. 그래서 배신당하거나 버림받는 것은 아주 고통스러운 경험이며, 예전보다 더 극복하기가 힘듭니다.

상대와 함께 성적 즐거움과 기쁨을 경험하기를 원한다면, 상대가 보내는 성적 메시지를 민감하게 해석할 줄 알아야 합니다. 상대의 메시지와 욕구, 필요와 즐거움을 이해하고 존중하는 동시에 자신이 원하는 바를 표현하는 올바른 방법을 배워야 하죠. 가장 좋은 것은 상대와 공감함으로써 자신의 감정뿐 아니라 상대의 즐거움으로부터 기쁨을 얻는 것입니다.

CHAPTER 11

10단계(15~20살)

서로 나누는

──────────── 기분 좋은 애무

성은 아름답고 자발적이어야 합니다. 즐거움을 다루는 방식은 사람들마다 다른데, 자신의 감정에 귀를 기울이고 존중해야 합니다. 자신의 속도에 맞게 평온하게 성의 계단을 나아가야 하며, 무경험은 경험이 있는 것만큼이나 소중합니다.

성적 관계는 그 자체로 진지하고 큰일로 느껴질 수도 있지만, 어떤 사람들에게는 단지 가벼운 보여주기나 평판을 얻기 위한 것일 수도 있습니다. 그러므로 먼저 상대를 잘 아는 것이 중요합니다. 가족과 사회, 문화가 정한 연애의 규칙들도 중요합니다. 이에 대해 미리 자녀에게 이야기해주세요. 청소년은 저마다 다른 속도로 성숙해 연애를 준비하지만, 성적인 관계를 시작한다는 결정은 여러 다른 요소들에 좌우될 수 있습니다.

피임 또한 중요합니다. 어디서 피임 상담을 받을 수 있는지, 어디서 조언과 도움을 얻을 수 있는지 등을 알려주세요. 또한 집에 콘돔을 두어서 자녀가 당황하거나 돈을 쓰지 않고 알아갈 수 있도록 신경 써주세요. 접촉, 그중에서도 애무는 학습하는 기간이 길어질수록 더 나은 애인이 될 수 있다고 말해주는 것도 좋습니다.

즐겁고 황홀하고

아름다운 애무

애무(petting)는 대부분의 청소년이나 청년이 필요로 하고 원하는 것을 채워줄 수 있는 그 자체로 즐거운 경험입니다. 여기서 애무는 성기 삽입을 제외한 모든 가능한 접촉을 말합니다. 상대와 번갈아 성적 각성과 오르가슴을 얻을 수 있는 즐겁고도 안전한 경험이죠.

성숙한 연인이라면 성적 즐거움을 일깨우는 부위를 비롯한 상대의 신체 모든 부위를 만지고 싶은 욕구를 느끼고, 상대도 같은 방식으로 자신을 만지게 할 용기를 냅니다. 이 단계에서 청소년은 성적 접촉에 있어 자신이 얼마나 성숙했는지, 자신이 들려주는 목소리에 귀 기울일 줄 압니다. 상대와 함께 성적 즐거움을 경험할 수 있고, 무엇이 좋은 느낌인지 알며, 정말 자신이 그것을 하고 싶은지 판단합니다. 필요할 경우 자신의 행동을 조절하고 제한할 줄 알죠. 주도권을 가지고 실험함으로써 즐거움을 느끼고 나눌 준비가 되어 있습니다. 자신의 몸에 대해 새로운 것들을 배우는 거죠.

청소년은 자신의 몸을 알고, 다른 사람과 있을 때의 신체적 반응을 알며, 자신의 몸이 있는 그대로 받아들여지기를 바랍니다. 이 단계에서는 긴장과 두려움 때문에 오르가슴을 경험하기 어려울 수도 있습니다. 그럴 때는 상대의 열정적인 접촉과 매혹된 시선, 애정 어린 말, 상대가 두려움과 불확실함 등을 이해해주는 것이 큰 도움이 될 수 있습니다.

충분히 성숙한 청소년이라면 애무 단계에 잘 적응합니다. 자신의 발달단계와 인간관계의 경계를 이해할 정보와 능력이 있으며, 상대의 경계와 발달단계를 존중하고자 합니다. 자신과 상대를 존중하는 성적 행동을 할 줄 아는데, 달리 말하면 늘 상황에 따라 자신의 행동에 가속 페달과 브레이크를 사용할 줄 안다는 것입니다. 이 단계에서 이전에 거친 모든 성적 계단을 통해 익힌 즐거움을 만끽할 수 있으며, 자신을 보호할 줄 압니다.

성적 자기결정의 경계는 다음과 같은 선언으로 실현할 수 있습니다.

"나는 나 자신의 몸을 결정하는 주체다. 나는 상대와 함께하는 경험에서 내 몸을 얼마나 드러내고 싶은지 결정한다. 너는 네 자신의 몸을 결정하는 주체다. 너는 상대와 함께하는 경험에서 네 몸을 얼마나 드러내고 싶은지 결정한다. 우리는 둘 다 분명히 준비되어 있어야 하며, 원하는 만큼만 함께 행동하고 경험한다."

성의 계단을
충실히 밟아왔나요?

사랑과 애착은 함께하는 즐겁고 안전한 놀이에 반드시 필요합니다. 특히 사랑의 감정은 안전한 신뢰의 분위기를 만들어 이 성의 계단에 다가갈 수 있게 힘을 줍니다. 청소년은 이미 어릴 때부터 자신이 누군가의 연인이 되는 환상을 쌓아왔습니다. 다소 가깝거나 멀었던, 몰래 좋아했거나 혹은 감정을 표현했던 수많은 사람들이 청소년에게 조금씩 용기를 주었습니다. 이제 자신도 실제 연인을 얻을 수 있다는 생각을 확인

서로 나누는 기분 좋은 애무

하고자 합니다. 사랑은 청소년이 연인관계를 준비할 수 있도록 성숙시킵니다. 공상으로 쌓은 용기는 힘이 셉니다.

청소년이 성의 계단에 대한 정보를 미리 얻는다면 개별적인 성적 발달, 주위 환경, 미디어와 또래 그룹의 압력은 그의 행동에 영향을 주지 않습니다. 그는 연인과 함께 성적 경험을 시작하기에 앞서 방해받지 않고 성숙할 준비가 되기를 기다릴 수 있습니다. 함께하는 애무는 꽤 새로운 방식의 성적 만족과 신체적 즐거움의 세계를 열어줍니다. 이 단계에서는 연인과의 접촉으로 즐거움을 경험하면서, 상대에 대한 긍정적인 감정이 강해지고 유대감이 깊어집니다. 함께하는 즐거움은 긍정적인 관계의 역사를 두텁게 쌓아줍니다.

대화와 우정의 기술은 지속 가능한 관계의 기반을 만듭니다. 비단 성적 접촉만이 아니라 생각과 태도로도 친밀감을 쌓을 수 있습니다. 이는 연인들이 서로를 이해하고 존중하며 상대의 관심사와 생각, 삶을 알아가는 것을 전제로 합니다.

신체적으로 가까워지는 것은 연인들이 서로의 몸을 속속들이 알도록, 상대의 피부를 자신의 피부로 느끼고 그 향과 맛을 알도록 해줍니다. 동시에 자신으로 인해 상대의 몸에서 어떤 반응이 일어나는지도 알게 됩니다. 이렇게 청소년은 성적으로 한층 더 친밀한 관계를 경험하기 위한 바람직한 준비를 하게 됩니다.

접촉과 애무의
짜릿한 힘

청소년기에는 호르몬의 작용이 활발해짐에 따라 성적 흥분을 경험하는 능력도 증가합니다. 머릿속에 성적 쾌감을 느끼고 싶은 욕구가 떠오르는 일도 잦아지죠. 그전까지는 아마도 주로 자위나 상상을 통해 성적 즐거움과 흥분을 경험했을 것입니다. 이 단계에서는 그런 감정들을 다른 사람과 함께 경험할 수 있습니다. 또한 사랑의 감정을 성적 감각, 흥분, 만족과 결합시킬 수 있죠.

청소년은 사랑이 특정한 상대와 공유하는 감정임을 알고, 그 상대와 성적으로 더 친밀한 사랑을 경험하고 싶다고 느낍니다. 사랑하는 사람의 피부와 몸으로 탐구여행을 떠날 수 있습니다. 상대의 손길에서 쾌감과 성적 만족을 느끼며, 상대도 만족을 경험할 수 있도록 몸을 만지는 법을 배웁니다. 함께하는 경험에서는 서로를 신뢰하며 안전하게 번갈아 즐거움을 얻도록 자신과 상대의 몸을 탐구하는 것이 중요합니다.

서로 나누는 기분 좋은 애무

성적으로 친밀한 애무를 하는 것은 이제 함께 나누는 성을 알아가는 청소년 앞에 수천 개의 문이 열리고, 수천 가지의 새로운 즐거움, 혹은 덜 즐겁거나 처음 하는 경험이 있다는 것을 뜻합니다. 그는 자신의 몸이 상대의 행동을 어떻게 느끼는지 집중할 수 있습니다. 손과 입술은 앞선 성의 계단들에서 여러 가지를 익힘으로써 전보다 다양하게 사용할 수 있으며, 그 이외의 상대의 신체가 자신의 몸과 만났을 때 어떻게 느껴지는지 처음으로 경험하게 됩니다. 서로의 입, 손, 볼, 어깨, 귓불, 가슴, 배, 성기를 탐구하는 행위는 함께 새롭게 즐기고 흥분을 얻을 무수한 방법들을 찾는 여행입니다.

동시에 여전히 상대가 계속하기를 바라는지 혹은 그렇지 않은지, 긍정이나 부정을 뜻하는 언어적 또는 비언어적 커뮤니케이션을 발달시킵니다. 그리고 자신이 바라는 것과 기대하는 것, 때로는 애무와 성적 행위에 대한 두려움에 관해서도 말하는 법을 배웁니다. 그러나 애무와 흥분 그리고 즐거움의 학습은 이와 별개의 단계로서, 애무는 아직 성적 결합을 목표로 하지는 않는 행동입니다.

옷을 입거나 벗고 성적으로 친밀한 애무를 경험함으로써 자기통제와 용기를 내는 법을 연습합니다. 처음으로 자신의 변한 몸을 상대의 시선과 손길에 맡기는 것은 아주 당황스럽고 부끄러울 수도 있습니다. 그러나 곧 상황과 자신을 통제하여 자신은 물론 상대에게도 즐거움을 제공하고자 합니다. 이런 상황과 감정이 앞으로도 반복되길 원합니다.

청소년이 자신이 원하지 않는 길을 가거나 너무 앞서나가지 않고 두 사람 모두 좋은 기분을 유지하려면 자신은 물론 상대에게도 솔직해야 합니다. 그리고 너무 늦지도 빠르지도 않게 적절한 속도로 진행한다면 성적 민감함과 감수성은 지속적으로 자라납니다. 그때는 서로 애무를 해주고, 서로에게 귀를 기울이고 서로를 존중해야 합니다. 이는 연인들을 예전보다 더 가깝게 할 수 있으며 더 큰 즐거움을 제공합니다.

또한 둘 사이의 신뢰와 사랑의 감정을 지키고 키우기 위해서는 더 낮은 성의 계단에 있는 상대의 준비된 정도와 욕구를 존중해야 합니다. 그러면 언젠가 속도를 맞추어 성의 계단을 함께 나아갈 수 있습니다. 정말 사랑한다면 자신이 이미 준비되었더라도 상대를 기다려야 합니다.

서로 나누는 기분 좋은 애무

즐거움에는 책임감이
따릅니다

이 계단에서는 연애관계가 안전한지 판단합니다. 공감 능력과 다른 사람의 권리를 존중하는 마음가짐이 이미 갖추어져 있어야 합니다. 두 사람 모두 온전히 긴장을 풀고 상대의 접촉을 즐기며 자신의 몸에 어떤 것은 해도 되고 어떤 것은 하면 안 되는지 스스로 결정할 수 있어야 합니다. 상대가 원하는 것들이 자신에게 조금이라도 어렵게 느껴지거나 상대의 자기제어가 고장 난 것처럼 보인다면 싫다고, 오늘은 여기까지만 하고 싶다고 말할 수 있어야 합니다. 그러면 상대는 그의 거절을 존중하며 기분 상하지 않고 받아들이게 될 것입니다. 긍정적인 자아상과 자존감, 계단을 오르듯 한 칸 한 칸 천천히 올라가는 성적 발달에 대한 지식이 이러한 태도를 갖추는 데 도움이 됩니다.

누구나 자신만의 속도로 발달합니다. 상대가 속도를 늦추고 싶다고 해서 상처 입을 필요가 없습니다. 그것 때문에 거절 당했다고 생각할 필요도 없습니다. 그래도 자신이 나쁘거나 쓸모없게 여겨지고, 깊은 상처를 입었다고 느낀다면 연애 경험은 부정적인 것으로 변할 수 있습니다. 그럴 때는 누구나 자

엄마, 나도 사랑을 해요

신의 성숙도와 욕구, 올바른 순간을 스스로 결정한다는 지식이 도움을 줍니다. 다시 말해 성적 접촉에 대한 준비는 상대의 욕구나 서두름으로 인해 찾을 수 있는 것이 아닙니다. 외부에서 그것을 요구하거나 앞서가거나 서두를 수도 없습니다.

연인이 성숙할 준비가 되려면 한 주, 한 달 혹은 몇 년이 걸릴 수 있습니다. 누구도 미리 기한을 정할 수 없습니다. 얼마나 오래 걸릴지 알 수 없습니다. 그럴 때 압력을 가하거나 강요하는 것은 이기적인 행동입니다. 그것은 사랑의 행위도, 사랑의 표현도 아닙니다. 압력을 받은 상대는 성관계가 더 이상 좋다고 느끼지 않고, 불공평하고 자신의 의지에 반하는 것이라고 생각합니다. 또한 민감함과 감수성 역시 줄어드는데, 자신이 아직 준비되지 않은 행위를 강요받았기 때문입니다. 그러면 성관계는 그저 아프고 기분 좋지 않은 행위일 뿐이며, 심지어 악몽과 두려움을 야기할 수도 있습니다.

자신을 사랑하고 책임질 줄 아는 사람은 애무, 친밀해지기, 접촉을 평등한 관계에서 서두르지 않고 압력 없이 할 줄 압니다. 즐거움은 지금 여기 있는 것이고, 그것은 이미 바랄 수 있는 이상의 것입니다.

그래도 애무 단계에서는 임신, 성병과 에이즈의 위험은 아직 없을 것입니다. 가까워지기와 성적 친밀함의 경험은 양쪽 모두는 아니라도 사람을 강하게 만듭니다.

몸과 마음이
가까워져요

성의 계단의 초기일수록 성적 즐거움과 사랑 사이의 거리는 멉니다. 그 둘은 어떤 관련도 없으며, 다만 서로 다른 시간과 다른 상황에서 경험하게 되죠. 예를 들어 어린이가 자기 성기를 만질 때 그 기분은 아주 만족스럽고 긴장도 해소할 수 있지만, 그것은 대부분 다른 사람과 관련이 없습니다. 어린이와 청소년은 안전하게 품에 안겼을 때, 그네를 탈 때, 기어오를 때, 운동할 때, 반려동물을 쓰다듬을 때, 스쿠터를 몰때, 자위할 때, 친구들을 안고 뽀뽀할 때 신체적 즐거움을 느낍니다.

사랑에 빠지고 반하는 것은 신체적 즐거움과는 다른 감정의 수준에서 일어납니다. 어린이가 온몸으로 사랑을 느끼더라도 초기에는 성적 접촉을 상상하고 바라지 않습니다. 이후에 성적 상상이 생겨나지만, 그것은 사랑과는 다른 부분입니다. 자위를 함으로써 성적 상상은 점점 더 알몸이 되는 것과 신체 접촉을 갈망하게 됩니다. 성의 계단을 오르면서 사람과 성은 하나로 합쳐지고 그 감정의 폭풍은 점점 강력해집니다.

이제 애무에서 처음으로 성적 즐거움과 사랑의 감정, 사랑하는 사람에 대한 상상과 그 손길을 하나로 합칠 수 있게 됩니다. 이렇게 해서 청소년은 단순한 성적 관계가 아니라 풍요롭고 다층적인 사랑하는 성적 관계의 가능성을 성취합니다. 그러면 총체적인 존재로서의 자신이, 사랑하는 상대와 신체와 감정, 선택뿐 아니라 성적 본능의 수준까지 일치시켰음을 느낍니다.

애무를 함으로써 항상 친밀감이 강해지는 것은 아닙니다. 몇몇 청소년들은 성행위를 할 때 영화나 포르노에서 보는 것 같은 특정한 공식을 따라야 한다고 생각합니다. 그러면 즐거움을 기계적으로 추구하게 되고, 결과적으로 진정한 즐거움의 추구가 어려워집니다. 즐거움을 연기하거나, 어떤 예시를 모방하거나, 상대의 메시지에 공감 없이 행동할 수 있습니다. 청소년은 애무를 '어떻게 해야 하는지'를 상상하며, 자신과 상대의 실제 경험은 신경 쓰지 않고 이런 상상들을 실현하기 위해 집중합니다. 그 배경에는 어떤 본보기에 따라 옳고 좋은 일을 하겠다는 강력한 욕구가 있습니다.

사실 자신은 원하지도 즐기지도 않으면서 상대가 좋아하

는 일을 하곤 하죠. 이런 유감스러운 경험이 여러 번 반복되면 나중에 성행위에 흥미를 잃을 수 있습니다. 애무와 성행위는 기분 좋은 것이지 보여주기 위한 것이 아니라는 것을 알아야 합니다. 성적 관계를 추구할 때 어떤 공식에 따라 무엇인가 성취하고 이루어낼 필요는 없으며, 다만 중요한 것은 함께하는 시도와 연습, 자신과 상대의 성을 알아가는 것입니다.

일단 자신의 몸이 얼마나 성적 에너지와 즐거움의 절정을 느낄 수 있는지 경험하면, 그 만족의 경험에 도취해 기회가 있을 때마다 성적 즐거움을 누리려고 할 수도 있습니다. 자위 연습을 많이 할 수도 있습니다. 그러다 용기를 내 상대와 섹스를 시도합니다. 사랑의 감정을 공유하는 상대하고만 성적 만족을 추구하겠다고 결심하고 실천에 옮기는 사람이 있습니다. 반면에 별다른 애정 없이 여러 상대와 잠자리를 하기도 합니다.

접촉을 주고받을 때는 자신의 행동을 제어할 수 있어야 합니다. 지금까지 별다른 문제 없이 발달단계를 거쳐왔다면 어린이나 청소년의 생각은 그 경계가 명확하며, 청년이 되면 대개 자신이 무엇을 원하는지, 어떤 것에 동의하고 싶지 않은지 압니다.

엄마, 나도 사랑을 해요

몸과 마음이 가까워질 때
꼭 알아야 할 것들

이 발달단계에서는 성적 결합을 목표로 하지는 않습니다. 청소년은 신체적 메시지와 접촉에 익숙해지는 단계에 있으며, 성의 아름다운 유희가 꽃피기 시작합니다. 몰입하기, 긴장 풀기와 자기 몸에 익숙해지기를 전제로 하는 애무와 성적 결합은 아직 두렵거나, 흥미를 끌지 않거나, 청소년의 성적 사고 모형에 전혀 포함되지 않습니다. 자신의 몸과 성기는 아직 청소년이 관찰하고 알아가야 하는 대상입니다. 청소년은 자신을 또래 친구들과 비교할 수 있습니다. 어떤 아이들은 다른 사람들 앞에서 절대로 알몸이 되고 싶지 않아 하는 반면에 어떤 아이들은 다른 사람들과 자신을 비교해보고 싶어 합니다.

이 애무의 발달단계는 사춘기로 인한 몸의 변화와 관련이 있습니다. 청소년들은 마치 의사놀이를 하던 유년기로 돌아가는 듯하지만 이번에는 호기심 외에 민감함과 용기라는 훨씬 큰 감정이 함께합니다.

애무 단계에서는 안전하게 상호작용을 통해 연인이 자신의 몸 구석구석을 탐험하는 것을 경험합니다. 또한 상대의 몸과 성기를 탐험하고 그를 인정하며 애정을 표현합니다. 성적 감정을 추구할 욕구와 능력이 있습니다.

많은 청소년에게 성숙해진 사춘기의 몸은 아주 당황스럽 습니다. 따라서 자신의 몸을 다른 사람이 만지게 한다는 것은 곧 상대가 자신을 인정해주기를 기다리는 셈입니다. 지금까지 다른 사람이 성기를 만진 경험은 유년기에 볼일을 본 후나 몸을 씻을 때 부모가 엉덩이나 성기를 닦아줄 때 뿐이었습니다. 그전에는 누구에게도 새롭게 발달한 개인적인 부위를 성적인 상황에서 드러낸 적이 없습니다. 그러나 이제는 아주 용감하고 의욕이 넘쳐서 특정 상대와 몸으로 하는 놀이를 과감하게 시작하고 성적 매혹을 경험할 수 있습니다.

애무가 진전되어 더 크고 다양한 접촉에 이르기 전에 더 중요한 문제들인 생식 본능과 부모가 될 가능성을 고려해야 합니다. 아직 이른 감은 있지만 피임 도구들을 떠올리고, 그것들을 사용해야 한다는 사실을 기억하며, 제대로 사용할 줄 알아야 합니다.

첫 경험을 할 준비가 되었나요?

청소년 자녀에게 다음 체크리스트를 주고 생각해보게 하세요. 그럼 아이는 혼자 생각해보거나 상대와 이야기를 나누어봄으로써 자신이 어느정도 준비되었는지 이해하게 됩니다. 이 결정은 자신 외에 그 누구도 대신할 수 없습니다.

- 바로 이 사람과 내 첫 경험을 하고 싶다고 확신하는가?
- 우리 관계는 충분히 평등하고, 신뢰가 있으며, 안전해서 둘 중 누구든 성관계를 그만두고 싶다면 그럴 수 있는가?
- 나는 상대를 잘 알아서 우정의 규칙이 모든 상황에서 유효하다고 확신할 수 있는가?
- 나는 정말 애무와 성관계를 원하는가? 상황이나 기분에 휩쓸린 건 아닌가?
- 나는 어느 단계에서든 싫다고 말하고 그만둘 수 있을까? 내가 반년 더 기다리기를 원한다면 우리 관계는 어떻게 될까?
- 상대도 애무와 성관계를 원하며, 나는 어떤 압력이나 강요도 하지 않았는가?
- 우리는 피임을 준비했는가? 임신과 성병, 에이즈 예방도 준비되어 있는가?
- 우리는 둘 다 성숙했다고 확신하며, 긴장과 망설임, 두려움을 없애기 위해 술을 필요로 하지도 않는가?
- 우리 관계가 실패해도 괜찮을 정도로 안전한가? 모든 것이 예상한 대로 되지 않을 때 어떻게 할지도 의논했는가? 처음에는 발기가 되지 않거나 애액이 분비되지 않는 등 예상치 못한 일이 생길 수 있는데, 이런 때에도 다음을 위해 연습할 준비가 되었는가?

사랑하는 관계가
끝났을 때

두 사람이 함께한 성적인 친밀함과 즐거움의 순간이 지난 후 어떤 이유로 사랑이 끝나면 청소년은 이별을 새로운 시각에서 바라보게 됩니다. 자신의 성적 행동을 평가하는 것이죠. 그는 자신이 무엇을 잘못했는지, 애무를 제대로 할 줄 몰랐는지, 사랑하는 상대의 메시지와 욕구를 잘못 해석한 것인지, 연애나 애무에서 압력을 가하거나 이별을 야기하는 행동을 한 것인지 등을 생각합니다.

또한 자신의 몸이 괜찮은지, 몸에 심각한 문제가 있는 것은 아닌지 생각합니다. 청소년들에게는 일반적인 수준에서 연애가 끝난 이유에 대해 이야기해줄 필요가 있습니다. 대부분의 경우 애무나 섹스 기술은 실연의 이유가 아닙니다. 언제든 다시 연습할 수 있고 상대와 맞춰나가는 것이기 때문이죠. 사랑은 여러 가지 이유로 끝날 수 있으며, 가장 중요한 것은 연인관계가 끝난 후에 떨치고 다시 일어나 새로운 아름다운 사랑의 관계로 향하는 것입니다.

어떤 기준으로 성관계를 할지 결정하나요?

애무나 성관계를 하는 이유는 사람마다 다릅니다. 청소년 자녀와 왜 애무나 성관계를 하는지, 또는 하려 하는지 솔직하게 이야기를 나눠보세요. 자녀의 이야기에 틀린 부분이 있다면 다음 내용을 참고해서 올바른 방향으로 가도록 이끌어주세요.

- **다른 아이들도 다 성관계를 해봤어요.** 대부분의 아이들은 자신이 같은 나이 또래나 친구들보다 성 경험이 적다고 느낍니다. 그것은 사실일 수도, 착각일 수도 있습니다. 자신 외에 다른 누구도 진실을 알 수 없습니다. 그런데 다른 아이들이 경험해봤다는 것이 의미가 있을까요? 이것은 청소년 자신의 인생으로, 그 경험을 가지고 평생을 살게 됩니다. 연구에 따르면 사람들 중 절반은 17살 정도에 첫 성적 결합을 경험합니다. 즉, 두 명 중 한 명은 성적 결합을 더 늦게 경험하고, 일부는 아주 늦게 경험하기도 하며, 어떤 사람들은 영원히 경험하지 않기도 합니다. 누가 그것을 신경 쓸까요? 성적 접촉의 양이 질을 보상할 수 있을까요? 청소년이 자신의 욕구를 따르고 용기를 낼수록 자신의 즐거움을 찾을 가능성은 커집니다.

- **누군가가 저와 성관계를 하길 원해요.** 다른 사람이 압력을 가하거나 요구한다고 해서 성관계에 응하는 것은 자신에게 가혹하고 아주 해로운 일일 수 있습니다. 누구나 무엇이든 원할 수 있지만, 청소년에게는 어떤 상황에서나 자기 몸에 대해 온전히 결정할 권리가 있어야 합니다. 이는 두 사람이 전에 이미 성관계를 했고 다른 사람의 집에서 옷을 벗고 있더라도 여전히 유효한 힘입니다. 어떤 경우이든 싫다고 말할 권리가 있습니다.

- **사귀는 사이면 성관계를 해야 한대요.** 이런 주장은 전혀 이치에 맞지 않습니다. 연애에서는 성관계가 아니라 우정의 규칙을 실현해야 합니다. 연애의 질은 연인들이 함께 결정할 수 있습니다. 관계에 성관계가 없다고 해서 상대를 소외시키면 안 됩니다. 성관계는 자발적이어야 합니다.

- **친구들이 누가 성관계 경험이 더 많나 경쟁해요.** 성 경험을 겨루고 과시하는 것은 어리석고 슬픈 일입니다. 친구들에게 보여주려고 한다면 본인에게도, 상대에게도 옳지 못합니다. 성관계는 두 사람만의 개인적인 일로 친구와는 상관이 없기 때문입니다.

- **성관계를 하면 돈을 벌 수 있어요.** 누군가가 돈을 내고 성관계를 하길 원한다면, 그것은 육체의 거래이지 올바른 성행위가 아닙니다. 자신을 판다면 자존감이 낮아지고 성관계가 주는 즐거움을 느끼기 어렵습니다.

- **포르노에서도 성관계를 해요.** 포르노는 성관계를 연기하는 것으로, 아무 근거도 될 수 없습니다. 포르노는 대부분 수익을 창출하기 위해 만들어집니다. 두 사람이 개인적인 즐거움을 위해 나누는 평범한 성관계가 아닙니다. 포르노는 연기이고, 그것을 모방하는 것은 진짜 성관계나 연애와는 전혀 관련이 없습니다. 포르노는 성교육이 아니며 그 의도는 오직 시청자를 흥분시키는 것입니다. 성관계는 상대가 무엇을 원하는지를 통해 배워야 합니다.

- **성관계를 해보고 싶다는 욕구가 생겼어요.** 이것은 괜찮아 보입니다. 다만 욕구보다 두려움이 크다면 아직 생각을 해봐야 합니다. 이후에 욕구가 두려움보다 커지면 그때는 성관계를 시도해도 될 만큼 성숙한 것입니다.

엄마, 나도 사랑을 해요

문장 완성하기

청소년 자녀에게 다음의 문장을 완성하게 하세요. 이 책에 직접 적게 해도 좋고, 따로 종이를 마련해 적게 해도 좋아요.

1. 나는 _____ 을/를 할 때 행복하다.

2. 나는 _____ (하)는 사람들을 좋아한다.

3. 나는 _____ 할 때 화가 난다.

4. 나는 _____ 할 때 즐겁다.

5. 상대가 _____ 하면 좋은 느낌이 든다.

6. 나는 _____ 하는 것을 배우고 싶다.

7. 나는 _____ 하기를 꿈꾼다.

8. 나는 _____ 하기 때문에 내가 내 자신인 것이 좋다.

문장을 완성하며 어떤 기분이 들었고, 어떤 생각을 했는지 물어보세요. 자녀의
대답을 아래에 적어보세요.

이제 청년은 마지막 계단에 발을 내디딜 용기를 냅니다. 자신이 성숙하고 준비되었음을 알고, 사랑하는 상대도 있습니다. 충분히 자신의 본능을 통제할 수 있을 뿐 아니라 긴장을 풀 수 있는 신체와 성을 갖추었고, 이미 다른 사람과의 애무를 통해 신체적 반응과 자기 통제의 경험을 충분히 쌓았습니다. 상대와 더 깊은 결합을 원하며, 그 동기는 다른 사람들에게 보여주기 위한 것이 아닙니다.

상대에게 성적으로 원하는 바를 전달하는 기술, 그리고 상대의 메시지를 해석하는 기술을 갈고닦았습니다. 대부분은 자신의 성 정체성을 깨달았죠. 성관계와 관련된 책임과 가능한 결과에 관한 지식도 쌓았습니다. 성관계를 통해 새로운 만족을 얻고 상대와 더 깊은 관계가 되기를 원합니다. 또한 언제 성관계를 하지 말아야 할지, 혹은 언제가 적당한지 등 규범과 한계를 존중할 줄 압니다. 자신과 상대가 얼마나 준비되어 있는지, 무엇을 원하는지 가늠할 줄 압니다. 여러 가지 형태의 두려움을 이기고 책임을 질 준비가 되어 있습니다. 성병을 예방하기 위한 조치를 취할 줄 알고, 피임 여부를 선택합니다.

CHAPTER 12

11단계(16~25살)

사랑과

섹스

자녀에게 성관계에서 가장 중요한 것은 재미, 자발성, 행복이며, 하기 싫으면 어떤 것도 억지로 할 필요가 없다는 사실을 알려주세요. 섹스는 개인적인 것이며 공식이나 설명서는 잊어버려야 한다고 말이죠. 호기심을 갖고 임한다면 언제나 변화무쌍하고 새로운 느낌을 가져다줄 것이며, 크고 작은 즐거움을 경험할 수 있게 된다고요. 또한 나이와 사람에 관계없이 언제나 개인적인 일로, 유일하게 올바른 방법이라는 것은 없습니다. 올바른 방법이란 상대와 자신에게 진실하고 솔직한 것입니다.

임신으로 인해 부모(또한 조부모)가 될 수 있는 가능성과 그런 선택의 중요성에 관해 이야기를 나누세요. 피임과 성병 예방법에 관해 이야기하세요. 좋은 피임 도구들을 접할 수 있게 도와야 합니다.

이때 자녀의 사생활을 존중하고 성 경험에 대해 궁금해하지 마세요. 그저 지지가 필요할 때 옆에 있어주고, 자녀의 주체성과 판단력을 높게 평가한다는 것을 보여주세요.

즐거움을 추구할 수 있는
능력

이 시기의 청년은 성관계를 할 때 성에서도 자기다움을 찾게 되어 망설임과 혼란이 가라앉고 용기가 자랍니다. 그는 자신의 성 건강을 돌보고, 자기 몸에 대해 결정할 권리를 지키며, 상대를 존중할 수 있다고 확신합니다. 더 나아가 자신과 상대의 성생활을 새롭고 더욱 풍요롭게 하고자 노력하며, 그동안의 경험을 바탕으로 자신의 감정과 성적 만족을 일체화합니다.

성관계에 따르는 위험에 대한 지식과 그에 대비하기 위한 기술도 갖췄습니다. 또한 자신이 부모가 될 준비가 되었는지 평가하고 결정을 내릴 수 있습니다. 단순한 경험이나 즐거움

사랑과 섹스

을 얻기 위한 행동이 아닙니다. 친구들에게 인정받고자 하는 욕구 때문도 아닙니다. 어른이 된다는 것은 꽤 긴 과정이며, 또한 고통받지 않고 쾌락에 대한 책임을 질 수 있는 능력이기도 합니다.

앞선 계단에서 청년은 이미 중요한 성관계의 기술을 습득했습니다. 자신과 상대에게 말, 배려, 신체 접촉 등 여러 가지 방법으로 만족과 즐거움을 가져다주는 법을 배웠습니다. 이제 보다 세심해졌고, 상대가 보내는 메시지를 잘 이해할 수 있습니다. 그는 서로가 애무를 즐긴다는 확신을 얻었고, 상대가 원하는 것을 맞춰줄 수 있습니다.

애무의 단계는 잠깐 동안만 지속될 수도 있고 여러 해 동안 계속될 수도 있습니다. 한 명과 애무의 단계를 계속할 수도 있고 여러 상대를 거칠 수도 있습니다. 애무 단계가 길어질수록 더 많은 신체 언어를 배우고, 상황을 관찰하고, 즐거움에 몰입하며 자신과 상대의 즐거움에 관한 경험도 얻습니다. 좀 더 안전하고 즐거운 성적 놀이를 길게 연습할 수 있죠.

사실 애무와 성관계의 차이는 매우 불분명합니다. 어떤 사람에게는 애무 단계에 속하는 경험이 다른 사람에게는 이미 넓은 의미의 성관계에 가까울 수도 있습니다. 여기에는 경험의 깊이, 성적 친밀함과 양쪽의 긴장을 풀 수 있는 능력이 영향을 미칩니다. 이 두 즐거운 단계 사이에 엄격하게 경계를 지을 수는 없습니다. 둘 다 아름답고 완벽하며 함께하는 성적 즐거움을 목표로 합니다. 중요한 것은 자신의 욕구와 용기를 점차적으로 키워나가는 것입니다.

성관계에서 청년은 이전의 어느 단계보다 더 상대에게 자신의 몸을 기꺼이 내어줍니다. 이 단계에 있는 사람에게는 상대를 사랑하는 감정에 성관계, 배려, 느긋한 경이와 예상하지 못한 경우에 대한 준비를 더할 능력이 있습니다. 많은 사람들은 편안함과 안전함을 추구하고 경험합니다. 또 어떤 사람은 긴장과 예상을 뛰어넘는 경험을 추구합니다. 성숙해진 사람들은 원할 경우 육체와 감정을 따로 분리할 수도 있습니다. 성관계를 위해 사랑에 빠질 필요는 없지만, 많은 사람들이 성관계는 사랑하는 사람과 할 때 더 즐겁다고 생각합니다. 가장 좋은 성관계는 기분 좋은 일체감을 강화하는 것입니다.

생각보다 불완전하고
기분 좋지 않은 '첫 경험'

사랑하는 사람들은 서로를 더 잘 알고 싶어 합니다. 상대 삶의 모든 것, 생각, 존재 자체가 흥미를 끄는 것이죠. 성적 관계에서 가까워지면 상대에게 자신을 여러 가지 방식으로 개방하게 됩니다. 상대의 몸속에 들어가는 것도 가능해 보입니다. 또한 더 과감한 접촉도 가능하다고 느낍니다. 이때 상대와 성별은 중요하지 않습니다. 어떤 관계이든 더 깊은 결합을 경험할 수 있습니다.

첫 성 경험은 성인기의 성에서 중요한 발걸음입니다. 첫 결합 시도는 종종 불완전하고, 긴장한 나머지 고통, 건조함, 발기 중단 같은 문제를 동반합니다. 그럼에도 앞으로 내딛는 모든 발걸음은 좋고 중요하게 느껴집니다. 청년은 성적 결합 자체, 오르가슴을 얻는 경우, 당황스러운 상상, 자신과 상대의 고통 등 성관계와 관련된 두려움이나 실패의 걱정을 이겨 낼 수 있습니다.

성관계는 시험하고 배울 수 있습니다

첫 경험에서는 대부분 오르가슴을 느끼기 힘듭니다. 아직도 시험하고 배울 것이 많기 때문이죠. 이때 오르가슴을 흉내 낸

엄마, 나도 사랑을 해요

다면 연인들 사이에 거리감이 생기고 성관계의 진정성이 왜곡됩니다. 상대의 기분을 좋게 하기 위한 시도였다 하더라도 오르가슴을 흉내 내는 것은 기만입니다. 종종 성관계를 빨리 끝내기 위한 것이기도 하죠. 따라서 첫 경험에서는 완벽한 성관계를 하겠다고 생각하는 대신 장애물을 예상하고 연인과 함께 배우고 시도해보겠다는 마음가짐을 갖는 것이 중요합니다. 한쪽 혹은 양쪽 모두 오르가슴을 느꼈다고 해도 연인들은 새로운 영역을 시도해볼 수 있습니다. 하나가 되는 행복 말이죠. 모든 성의 계단은 연습, 시도, 배움, 용기를 전제로 합니다. 때와 상대에 따라 성적 경험은 아주 다릅니다.

그런데 성취 압력, 경험 부족, 자기 몸이 괜찮은지에 대한 자기확신 부족, 자신의 성적 지향이 용납될 것인가 하는 걱정, 원치 않는 임신과 성병에 걸릴까 두려운 감정을 가질 수 있습니다. 자기 몸의 개별적인 특성을 드러내길 부끄러워하거나, 준비되지 않은 놀이와 상황 속으로 뛰어들 용기가 부족한 것은 흔한 일입니다. 거절과 상처 입는 것을 두려워한다면, 특히 과거에 그런 경험이 있다면 즐거움에 온전히 몸을 맡기기 어려울 수 있습니다. 많은 어린이와 청소년은 외모의 특징 때문에, 예를 들어 생각 없는 어른에게서 몸무게가 많이 나간다는 험담을 듣고 괴로움을 느낍니다. 따라서 이런 어려

사랑과 섹스

움을 솔직하게 말하고 성관계가 주는 압력에 관해 사전에, 혹은 적어도 성관계를 할 때 이야기하는 것이 좋습니다.

시작은 좋습니다. 성관계에서 완벽해 보이려고 하거나, 오르가슴을 흉내 내거나, 발기 촉진제를 사용하거나, 경험이 없으면서 있는 척한다면 나중에는 상황을 바로잡기 어려울 수 있습니다. 그럴 때는 진전된 관계를 후퇴시키거나 상대에게 고백을 해야 합니다. 그런 다음 처음부터 다시 성의 계단을 밟아와야 합니다. 시행착오를 두려워해서는 안 됩니다. 모든 성관계는 각기 다릅니다. 인간관계는 서로 알아가고, 익숙해지고, 신뢰를 쌓아가는 과정을 필요로 합니다. 사람은 모든 요구사항을 항상 충족시키기를 원하고, 할 줄 알고, 할 수 있는 자동판매기나 기계가 아닙니다.

성취 압력에서
자유로워지기

성취 압력과 자기비판은 중요한 메시지를 담고 있습니다. 어린아이의 끝없는 기쁨과 자기 몸에 대한 자부심은 어른이 되어서도 똑같이 용감하고 즐겁게 알몸으로 춤출 수 있게 하는 원동력입니다. 잘 보호하고 간직해야 하죠. 마찬가지로 어린 아이의 용기, 그리고 친구와 함께하는 즉흥적인 놀이 역시 간직해야 할 재능입니다. 어른이 되어 섹스를 하기 위해 그 재능을 필요로 하죠. 성관계에서는 혼자 명령할 수 없습니다. 여기에 참여하는 모두가 주도권을 가지고 어떤 놀이를 할지 생각해야 합니다. 놀이는 행복하고 호기심을 자극하는 것으로 성취와는 거리가 멉니다.

성관계 단계로 나아간 청년은 성행위에서 자신뿐 아니라 상대의 필요에도 주의를 기울일 수 있습니다. 그는 더 이상 자신의 성취에 모든 집중력을 뺏기지 않습니다. 자신뿐 아니라 상대를 존중하는 것이 성관계에서는 특히 중요한 부분입니다. 서로가 원하고 누구도 상처 입지 않는다는 전제하에 모든 것이 허용됩니다. 이 단계에서는 이미 성년과 자립의 길로 접어들게 됩니다. 청년은 충분한 책임감을 지니고 있으며 인간관계를 분별할 준비가 되어 있습니다.

첫 성경험에 앞선 성의 계단의 여러 단계들은 청소년과 청년의 성적 자아상에 기반을 두고 있습니다. 모든 계단은 청소년 자신의 내부에 세워진 일련의 사건들로, 계단마다 각각 중요한 의미와 과제가 있습니다. 그것은 반드시 실제 행동과 경험을 의미하지는 않으며, 상상 속에서 일어난 일일 수도 있습니다. 계단식 발달은 성적 상상을 포함하고 있으며, 그 탐구를 통해 용기, 자기이해, 욕구와 성숙도가 강해집니다.

어린이나 청소년은 어느 단계에서는 아주 짧은 시간 동안 머무르는가 하면, 성숙해져 독립적인 어른이 되어 자신의 성을 찾을 때까지 오랜 시간이 걸리기도 합니다. 청년이 성관계를 할 준비가 되면 그는 자신의 성과 친숙해지고 성관계의 의미가 성적 동반의 일부분이라는 것을 이해합니다.

이렇듯 각기 다른 발달단계에서, 혹은 성의 계단을 오를 때, 어린이나 청소년의 욕구는 기질에 따라 꽤 다르다는 것을 기억할 필요가 있습니다. 성장기의 어린이나 청소년이 이른 시기에 다른 사람의 성적 욕구를 충족하도록 이용당할 수도 있는데, 이는 매우 해롭습니다. 특히 성의 계단 초기 단계일수록 더 그렇습니다. 채 발달이 되지 않은 상태에서 성적으로 이용당하면 심지어 발달 자체가 멈출 수도 있습니다. 모든 사람은 자신의 발달단계를 정확히 알고 표현해야 하며, 다른 사람들의 발달단계를 존중하고 보호해야 합니다. 개인은 저마다의 속도로 발달합니다. 각 발달단계는 신체적인 성숙이나 나이로 정의되는 것이 아니라 자신의 경험과 생각에 근거해야 합니다.

그 사람 정말

믿을 만한가요?

이전 단계들에서 성적 애무를 경험한 청년은 이제 더 과감하게 나아갑니다. 새로이 정복해야 할 영토도 나타났습니다. 사랑은 깊어지고 연인은 전보다 더 가까이 있습니다. 성관계를 통해 상대에게 즐거움을 주고 그를 보호하고 싶어지죠. 상처입거나 상처 입히고 싶지 않습니다. 이는 자신과 상대의 삶을 풍요롭게 하고, 함께 있고 싶고, 더 밀접한 관계가 되고 싶은 욕망에 힘을 실어줍니다. 성관계는 용기가 필요한 많은 감정과 관련이 있습니다.

사실 통제를 상실하고 다른 사람의 몸과 마주하는 일은 두렵기도 합니다. 그러나 이것은 흔히 있는 일이며 익숙해질 필요가 있습니다.

청년은 상대를 현명하게 평가하기 위해 애씁니다. 그가 믿을 수 있고 좋은 사람인지, 혹은 내가 그에게 적절한 선택인지 말이죠. 지금까지 잘 자란 어린이와 청소년은 스스로를 높이 평가하고, 자신만큼 가치 있는 상대를 만날 자격이 있다고 믿습니다. 그렇게 자란 청년은 상대에게 인정받기 위해 부적절한 관계를 수락하지 않습니다. 성숙함이란 성적 학대, 성병, 원하지 않는 임신 등 성관계가 가져올 수 있는 위험에 주의를 기울이고 예방할 수 있는 능력입니다.

청년은 이제 자기방어 본능을 이용해 위험한 행동을 하는 사람들을 피하고 자신이 원할 때 피임할 수 있는 지식과 조건을 갖추어야 합니다. 그가 이런 주제들에 대해 상대와 이야기를 나누고 의견을 일치시키며 다른 일들에 대해서도 생각을 교환하는 것이 좋습니다. 두 사람의 관계가 반드시 성적 매력에만 기반하는 것은 아닙니다. 일상을 함께하는 즐거움, 우정의 규칙의 실현, 가끔은 함께 더 나은 세상을 만드는 일 등을 통해서도 관계를 쌓아갈 수 있습니다.

번식 본능과
피임의 관계

지금까지 인류에게 번식에 필요한 성적 결합을 가르칠 필요가 없었습니다. 인류는 어떤 안내서도 없이 번식해왔으며, 앞으로도 그럴 것입니다. 마찬가지로 생물학적인 본능은 강력하게 이 단계의 청년들을 성적 결합, 즉 번식으로 이끕니다. 그것은 그들의 세상에 새로운 즐거움을 가져옵니다. 힘의 사용, 리듬, 가장 깊은 신체적 결합, 그 결합된 상태의 환희, 상대의 몸에서 느껴지는 감각, 손으로 내부까지 만져지는 감각 등이 그것입니다.

강한 번식 본능에도 아이를 원치 않는다면 부모가 되지 않도록 피임에 신경 써야 합니다. 어떤 사람들은 아예 성적 결합을 피하는 방법을 택하기도 합니다. 그 배경에는 자신의 선택, 종교, 혹은 많은 노력에도 상대를 찾지 못한 경우 등이 있습니다. 성숙함과 성관계를 시작하는 것은 별개의 문제입니다.

성관계를 하면 대부분 애무 단계보다 오르가슴을 느끼는 것을 더 중요하게 여깁니다. 애무 단계에서는 무엇보다 공유된 성적 흥분을 체험함으로써 자신의 몸을 긍정하고 용기가 점차 자라게 됩니다. 반면에 성적 결합을 할 때는 관계가 이미 안전하게 느껴져 고조된 즐거움에 과감히 항복하고 해방감을 경험합니다. 그러면 그는 더 이상 상황을 통제하거나 상대가 자신을 어떻게 대하는지 확인할 수 없습니다. 그러니 피임에 관한 결정은 사전에 내려야 합니다. 오르가슴의 순간에는 자신이 어떻게 보이는지, 피임 도구가 제대로 사용되었는지 등을 생각할 수 없기 때문이죠. 오르가슴은 상대와 자신의 감정에 조건 없이 항복하는 순간입니다.

자신의 감정에
귀 기울이기

성관계에서 두 사람은 비신체적이기도 한 다양한 쾌락의 순간을 추구하고 나눕니다. 쾌락은 시선과 분위기, 자신의 감정을 통해 전해집니다. 상대의 쾌락이 자신의 쾌락처럼 좋게 느껴지거나 상대의 쾌락이 자신의 쾌락보다 중요할 수도 있습니다. 사랑하는 사람들은 신체적 오르가슴뿐 아니라 감정의 절정인 감정 오르가슴이 어떻게 느껴지는지도 말할 수 있습니다. 그것은 상대의 쾌락을 보고 경험할 때 느끼는 크고 특별한 만족을 의미합니다.

이 계단에 발을 디디면 서로 다른 상대들과 성관계를 하는 것이 가능하며 그들을 원할 수 있다는 새로운 시선이 열립니다. 청년은 새로운 사회적 자질을 경험할 수 있습니다. 성적 상대로서의 자아상이 상상에서 현실로 바뀝니다. 어떤 사람들은 심지어 자신이 성관계 상대로 적합한지 여러 명에게 시험해보기도 합니다.

청소년이 미처 성숙하기 전에 애무나 성관계를 한다면 전혀 좋은 느낌이 들지 않거나 아무 느낌이 안 듭니다. 그 사실에 실망하고 놀랄 수도 있습니다. 성관계가 좋게 느껴지지 않다니, 자신이 어딘가 잘못된 것이라고 여길 수도 있습니다. 그럴 경우 성적 결합을 아예 그만두거나 계속해서 즐거움을 흉내 낼 수도 있습니다. 이 경우는 스스로에게 진실하지 않으며 자신에게 너무 많은 것을 요구하는 것이죠. 이럴 때는 자신이 즐거움을 느꼈던 성의 계단으로 다시 돌아갈 필요가 있습니다. 비록 그 계단이 손을 잡고 걷기 같은 8단계라도 말입니다. 자신이 성숙하고 준비되어 욕구가 생기기를 기다린다면 그는 이후에 불안해하지 않고 즐기면서 앞으로 나아갈 수 있습니다.

가끔은 삶에 주어진 상황이나 상대의 특성이 발달을 방해하기도 합니다. 그럴 때도 자신의 감정에 귀 기울일 필요가 있습니다. 성적 성숙이나 욕구는 강요할 수 없습니다. 하지만 성숙이나 욕구를 발견해 적절한 삶의 단계에서 나에게 맞는 상대와 함께 나아가는 환희는 멋집니다.

아이와 함께 생각해보세요

사랑하는 관계 만들기

많은 사람들이 영원한 사랑을 일종의 선물로 여기며, 이를 얻기 위해서는 아무것도 할 필요가 없다고 생각합니다. 몸을 건강하게 만들기 위해 운동을 하고 능력을 발전시키기 위해 자기계발을 하지만, 사랑은 다만 우연히 주어지는 선물로 생각하는 것이죠. 그러나 자신과 상대의 사랑을 발전시키고 강하게 만드는 일은 양쪽 모두에게 달려 있습니다. 상대에게 그와 가까이 있는 것, 접촉을 필요로 하고 그것을 그리워하며, 그를 성적으로 원하고 그의 몸이 변했더라도 좋아하고 긍정한다는 것을 보여주는 행동을 계속할 필요가 있습니다. 이런 것들에 대해 부모는 자녀와 계속 이야기를 나눠야 합니다.

사랑과 연인관계가 어느 순간 완성되었다고 생각해서는 안 되고 지속적으로 돌보아야 합니다. 신체적인 기능과 업무 능력은 지속적인 관리와 노력 없이는 좋은 상태로 유지되지 않습니다. 사랑과 인간관계에도 같은 원칙이 적용됩니다.

사랑은 사랑의 행위를 통해 발달시키고 강화할 수 있습니다. 어떻게 하면 상대에게 더 나은 짝이 될 수 있을지, 어떻게 관계가 가까워지고 서로를 더 잘 이해할 수 있을지 스스로에게 종종 물어봐야 합니다. 내 요구사항들을 상대에게 강요하는 것은 나쁜 방법입니다. 바꿀 수 있는 것은 자기 자신뿐이며 사랑이 불붙거나 변하지 않기를 요구할 수는 없기 때문입니다. 그저 상대에게 자신이 원하는 바와 필요한 것들을 다정하게 말해야 합니다.

사랑의 첫 희열은 시간이 지나면서 점차 가라앉는다는 것도 기억하는 게 좋습니다. 그 기간 동안, 혹은 그 이후에는 사랑과 우정을 지속하기 위해 노력해야 합니다. 이것은 상대에게도 적용되는 행동 모델로, 이런 행동을 통해 서로가 서로를 여전히 깊이 사랑하고 둘의 관계를 소중히 여긴다는 것을 알게 됩니다.

영원한 결합 혹은

이별을 준비하기

지금까지의 단계를 잘 거쳐왔다면 이 단계에서는 인간관계에 대한 준비가 잘 되어 있을 것입니다. 그는 연인 사이에 생기는 문제들을 직면하고 해결하기 위해 노력할 줄 압니다. 따라서 다툼, 오해와 상처가 반드시 이별로 이어지지는 않습니다. 오히려 갈등의 해결은 연인들이 가까워지고 사랑이 깊어지게 합니다. 어느 쪽도 영원한 행복의 환상이나 상대가 자신이 꿈꾸는 모든 기대를 채워줄 것을 요구하지 않기를 바랍니다. 이 단계에서는 현실의 사랑이란 비록 상대의 의견이나 행동이 자신의 생각과 일치하지 않더라도 함께하는 것임을 이해합니다.

누구나 실수를 할 수 있습니다. 가끔 이 단계에 이르러서야 상대가 자신이 미래를 공유하고 싶은 사람이 아니었다는 것을 알게 됩니다. 그가 이전의 발달단계들을 통해 이별과 홀로 자신의 미래를 향해 삶을 지속하는 것이 고통스럽지만 극복할 수 있는 위기임을 배웠기를 바랍니다. 그는 자신과 자신의 매력, 자신이 누군가의 동반자이자 애인으로서 가진 가치를 충분히 신뢰함으로써 실수로 드러난 관계를 떠날 용기를 냅니다.

사랑과 섹스

누구에게나 자신만의
때가 있습니다

사람들은 첫 성관계 상대 이후의 모든 사랑하는 관계에서 준비와 행위라는 거의 동일한 성적 계단을 지닙니다. 누군가에게 반하고, 거리를 두고 좋아하다가 감정을 표현하기 시작하고 손잡기와 같이 가까워지는 것을 시도합니다. 가끔 상대와 성관계까지 나아가고, 그보다 더 진전해서 함께 미래를 꿈꾸기도 합니다.

간혹 어떤 사람들은 자기 의지와는 상관없이 몸과 삶, 미래를 나누고 싶은 상대를 찾지 못하기도 합니다. 또 어떤 사람들은 특정한 이유가 있어서 짝사랑이나 팬덤 등 거리를 둔 사랑에 머물면서 연애를 일부러 피하기도 합니다.

모든 사람이 인생에서 애무와 성적 결합을 경험하지는 않습니다. 이 11개의 계단들은 유년기부터 청년기에 걸친 성의 발달 과정을 계단식으로 일목요연하게 보여줍니다. 이 계단들을 착실하게 밟아간다면 더 빠르거나 늦더라도 한층 더 성숙해진 자신만의 성과 사랑의 인간관계를 맺을 수 있을 것입니다.

아이와 함께 생각해보세요

성관계 없이 이 단계들을 지나갈 수도 있나요?

물론입니다! 모든 사람은 자신의 성과 몸, 감정에 대한 자기 결정권을 지닙니다. 그것들은 외부에서 명령하거나 결정할 수 없습니다.

낭만적인 사랑이 없는 성적 욕구와 쾌락도 존재합니다. 성적 욕구가 없는 사랑도 존재합니다. 어떤 사람들은 낭만적이지만 성적이지는 않습니다. 어떤 사람들은 둘 다 아닐 수도 있습니다. 우리는 있는 그대로의 자신이 될 권리가 있습니다. 감정은 사람마다 다르며, 신체와 경험도 그렇습니다. 그런 것들은 자신만이 알 수 있습니다.

신체적인 자기 결정권이란 내 몸이 나만의 것임을 의미합니다. 모든 사람은 성적 접촉과 감정의 욕구 혹은 필요를 느끼는지 각자 스스로 알아서 결정합니다.

따라서 각자의 경험과 한계를 존중해야 합니다. 사람들의 다양성을 이해하는 것이 중요합니다. 다른 사람이 자신의 경험을 말할 때 질문하고, 경청하며, 신뢰하는 것이 중요합니다.

틀에 박힌 생각과 기존의 태도를 잊어야 합니다. 성뿐만 아니라 사랑도 강요해서는 안 됩니다.

모든 사람이 있는 그대로의 자신이 될 수 있게 해야 합니다.

사랑과 섹스

'내 사람들' 지도 만들기

큰 종이를 준비해서 한가운데에 동그라미를 그리고 자녀의 이름을 씁니다. 그리고 주변에 가족, 친구, 연인, 동경하는 사람들 등 중요한 사람들의 이름을 써보게 하세요. 자녀에게 다음 질문을 읽어주고, 알맞은 사람들과 자신을 선으로 이어보게 하세요. 한 질문의 대답은 한 명이 될 수도 있고 여러 명이 될 수도 있습니다. 자녀가 이은 줄을 보고, 질문 아래 빈칸에 적어보세요.

● 내가 신뢰하는 사람은 누구인가요?

_____

_____

_____

● 내가 무엇이든 말할 수 있는 사람은 누구인가요?

_____

_____

_____

● 필요할 때 나를 도와주는 사람은 누구인가요?

● 누구와 더 가까워지고 싶나요?

● 누구와 더 많은 시간을 보내고 싶나요?

● 슬플 때 누구의 어깨에 기대 울 수 있나요?

_____

_____

_____

● 누구와 함께 있으면 즐겁나요?

_____

_____

_____

● 함께 있을 때 아무 말을 하지 않아도 좋은 사람은 누구인가요?

_____

_____

_____

어른이 되면

많은 사람들은 모든 성의 계단을 착실히 밟아 어른이 되어 평생 같이 살고 싶은 상대를 찾으면 정착하고 싶은 마음을 강하게 느낍니다. 그러나 어떤 사람들은 뒤늦게 정착할 필요성을 깨닫기도 합니다. 그들은 정착할 준비가 되었다고 느끼기도 전에 먼저 여러 가지 애무들과 여러 번의 연애를 경험하고 싶어 합니다. 혹은 단지 정착하고 싶은 욕구가 생길 만한 상대를 만나지 못했을 수도 있습니다. 어떤 사람들은 평생 동안 안정된 상대를 원하지 않습니다.

연인과의 맹세는 역사적으로 여러 가지 외적인 의식이나 표식, 선언으로 표현되었습니다. 오늘날 그것은 결혼이나 같이 사는 것으로 표현됩니다. 이후에 많은 사람은 어느 순간 아이를 갖기를 원합니다. 두 사람의 사랑과 성적 행위, 일상의 왕관이자 결실로서 부모 양쪽의 특징과 성격을 닮은 아이를 원하는 것이죠. 두 사람이 아이를 낳아 돌봄으로써 양쪽의 유전자가 모두 생명을 지속하게 됩니다. 아이를 원하는 것은 강한 생물학적 본능이며 종종 유전자의 의미 이상의 중요성을 지닙니다. 자신의 정자나 난자로 아이를 갖기 어렵다면 다른 사람의 것을 빌리거나 아이를 입양할 수도 있죠.

그 이후에도 출산과 질병, 인생의 즐거운 일들과 위기, 노화에는 많은 새로운 준비와 발전이 필요합니다. 성의 계단에서 계속 나아가기 위해서는 앞선 단계들에서 배웠던 모든 기술과 지식이 필요합니다.

다행히 성에 있어서는 누구도 완벽하게 준비되어 있지 않고, 모든 것을 경험해본 사람도 없습니다.

｜사랑은 태어나서 죽을 때까지 우리를 따라오는 감정입니다｜

사랑은 아름답지만 가끔은 고통스러운 여행의 동반자입니다. 사랑을 원할 수도, 거부할 수도 있습니다. 사랑은 어린 시절 가까운 사람을 사랑하는 인간관계에서 시작해 점점 커져 연인관계를 만들어냅니다. 누군가의 딸이나 아들이었던 시절을 벗어나 자신이 직접 가족을 꾸리기도 합니다. 이것을 만들어내는 게 사랑입니다.

사랑은 언제나 선합니다. 내 사랑은 다른 사람들의 자존감을 강하게 해주고 종종 온 세상을 자신의 광채로 비춥니다. 사랑은 움직이고, 바뀌기도 하며, 아주 가까운 곳에서 전보다 더 강한 사랑을 발견할 수도 있습니다. 부딪쳐보세요. 사랑할 용기를 내세요.

나와 상대를 존중하는
건강한 성교육 책

정보람

자녀가 친구 사귀기를 어려워한다면, 포르노에 관해 묻는다면, 아이돌에 빠졌다면, SNS로 만난 상대와 연애를 한다면 부모는 어떻게 대응해야 할까요?

이 질문들은 모두 아동과 청소년이 성인으로 자라는 과정, 특히 그중에서도 성 발달단계와 관련이 있습니다.

핀란드는 낙태 비디오로 성교육을 받았던 우리나라 부모님들에게는 '급진적'이라고 느껴질 정도로 지난 수십 년간 청소년의 성병 및 피임 예방의 실용적인 교육에 초점을 맞추어왔습니다. 그러나 오늘날은 아동기에서 청소년기를 지나 성인에 이르는 전 생애에 걸친 인간의 성 발달단계를 총체적인 관점에서 바라보고 대상의 연령대와 수준에 맞는 조언과 지지를 제공하도록 하는 정서적 양육을 중시하고 있습니다. 바로 이

261
—

역자의 말

책에서 소개하는 '성의 계단' 모델이 그 토대가 됩니다.

아동 청소년 심리와 상담 분야의 전문가로 손꼽히는 이 책의 저자들이 개발한 '성의 계단'은 핀란드 인구협회와 국가교육위원회를 통해 2000년과 2015년에 교사용 지침서로 출간되어 많은 호응을 얻었습니다. 예를 들어 핀란드에서는 미취학 아동에게 이 책에 나오는 '수영복 원칙'(121쪽 참조)을 비롯한 4대 안전 원칙을 영유아 교육기관에서 가르칩니다. 이런 원칙은 성인이 되어서도 나와 상대를 존중하는 건강한 인간관계를 이룰 수 있도록 돕습니다. 이 지침서를 가정에서도 부모님이 성의 계단에 맞게 자녀를 교육할 수 있도록 정리한 것이 이 책입니다.

이 책은 아이에게 혼자 읽어보라고 건네면 끝인 성교육 책이 아닙니다. 하루 이틀 읽고 따라 해보고 끝내는 책도 아닙니다. 아이에게 알려주기 위해 읽다보면 어린 시절이 생각나고, 젊은 시절의 나와 상대방의 서툴렀던 마음과 행동들, 시행착오들과 오늘날 배우자와의 관계에 대해서도 생각하게 됩니다. 이 책은 심리적인 부분과 신체·행동적인 부분을 포괄한 성의 발달단계를 11가지로 세밀하게 나누어 분석하였고, 앞부분에 언급한 것처럼 부모님들이 고민할 만한 다양한 상황에도 도움이 될 만한 조언들을 제시하고 있습니다.

엄마, 나도 사랑을 해요

미취학 아동부터 청소년기 자녀를 둔 부모님들이 사랑하는 자녀의 건강하고 안전한 성적 발달을 지지하고 응원해줄 수 있도록 이 책을 추천하고 싶습니다.

옮긴이 정보람

연세대학교 경영학과를 졸업하고 러시아 상트페테르부르크 국립경제대학교에서 국제경제학 석사 학위를 취득했다. 대한무역투자진흥공사(KOTRA) 등에서 근무했으며, 핀란드인 남편과 초등학생 딸을 키우는 워킹맘이다. 옮긴 책으로『달라도 너무 다른 나의 아스퍼거 인생』, 쓴 책으로『고마워, 러시아』등이 있다.

1판 1쇄 인쇄일 2021년 3월 6일
1판 1쇄 발행일 2021년 3월 12일

지은이 라이사 카차토레, 에르야 코르테니에미-포이켈라
옮긴이 정보람

펴낸이 金昇芝
편집 김도영 문영은 한미경
내지디자인 프롬디자인

펴낸곳 블루무스
출판등록 제2018-000343호

전화 070-4062-1908
팩스 02-6280-1908
주소 서울시 마포구 월드컵북로 400 5층 21호
이메일 bluemoosebooks@naver.com
블로그 blog.naver.com/bluemoosebooks
인스타그램 @bluemoose_books

ISBN 979-11-91426-07-6 (03590)

현재의 운명을 주관하는 여신이란 뜻의 '베르단디'는 블루무스 출판사의 인문·에세이 브랜드입니다.

This work has been published with the financial assistance of FILI - Finnish Literature Exchange.